楽しい溶岩図鑑
小白井 亮一［文・写真］
草思社
JN240727

まえがき

溶岩のダイナミックな姿が見られる国内初の図鑑

本書は、溶岩を主に扱う一般向けの入門図鑑です。このような本は、おそらくこれまでなかったでしょう。溶岩は、岩石図鑑では岩石の一種としてさらりと扱われ、火山図鑑でも限定的に触れられる程度でした。

もし、溶岩図鑑をつくるとしても、採集してきた溶岩の標本を撮影して並べるだけでは、溶岩の本当の姿や、できたときの状況はわかりません。溶岩は、マグマとして地球の奥深くから上昇してきて、火山から噴出するダイナミックなものだからです。本書では、野外であるがままの溶岩の写真を多数掲載して、それが流れたときや膨らんだときの状況、あるいは固まるときのようすなども感じ取ることができるように解説を加えています。

フィールドにある溶岩の姿を知ることは、火山活動という地球の営みを理解する上でもきっと役立つはずです。本書は、石好きや石に興味がある方にとってはもちろん、地球や火山に関心がある方にも、待ち望まれた書であることを確信しています。

海底で噴出した「枕状溶岩」もすごい

ご存じのように日本は火山国です。活火山が111もあります。したがって、日本では溶岩を観察する機会がたくさんあるといえるでしょう。実際、日本列島の火山周辺では、いろいろなタイプの溶岩が見られます。

さらに火山周辺だけでなく、地層中にもまた違ったタイプの溶岩があって、観察できることがあります。地層中にある溶岩は、遠い過去の時代に噴出したものです。そして、この古い溶岩の中で「枕状溶岩」は必見です。これは水中、特に海底に噴出した溶岩であり、とても奇妙な形態をしています。しかもバラエティに富んでいて大変面白いのですが……残念ながら一般にはあまり知られていないようです。本書は、この枕状溶岩についても、多くのページを割いて紹介しました。

貴重な溶岩写真を一挙掲載！

本書は、めったに観察できない貴重な溶岩の写真も掲載しています。調査登山会に参加して、普段は立ち入りが規制されている火山火口周辺の状況を撮影したものなどです。これらを読者の皆様にお届けしたかったことも、本書を執筆した動機の1つです。

本書は、第1章から第12章の本文と、**もっと知ろう**という5本のコラムで構成されています。本文では、いろいろな溶岩について、ストーリー性を持たせて、わかりやすく興味深くお話ししました。関係する基本知識、周辺の話題、あるいは少し専門的なことは、本文中の注釈や、コラム**もっと知ろう**において解説しました。ぜひ併せて読んでみてください。

2024年 夏　　小白井 亮一

第1章 流れる溶岩 伊豆大島

▶マグマと溶岩はどこが違う？

地学の世界には、まぎらわしい用語があります。「マグマ」と「溶岩」もその1つでしょう。この2つには、どのような違いがあるのでしょうか。ポイントは、地下か地表かです。

マグマは、地下（地球内部）に存在する岩石が溶けたものをいいます*。つまり、マグマは地下にある「どろどろなもの」なのです。それにしても、マグマって、ちょっとおもしろい語感ですね。マグマ（Magma）は、ギリシャ語massein（こねる）に由来するラテン語で、もともとはどろりとした濃い液体状の物質を意味します。19世紀に入って、地学の世界でいうマグマとして用いられるようになったようです。マグマには和名もあります。「岩漿（がんしょう）」といいます。「漿」とは、米を煮た汁、飲み物・汁物を意味します。したがって、岩漿とはさしずめ“岩の汁”といった意味になるでしょう。イメージが湧きやすいネーミングですが、漿の字自体があまり一般的ではなかったためか、普及しなかったようです。

地下深部でマグマができるとき、そこにある岩石すべてが溶けきってしまうことはありません。通常はすべてが溶けきるほど温度が上昇することはなく、そうなるよりも低い温度で岩石中の液体になりやすい成分（元素）が優先的に溶けることでマグマが生じます。

さて、マグマが地中を上昇して地上に達し、火山噴火という形で地表に流れ出たものを一般に溶岩（熔岩）と呼びます（ものとしてはマグマですが、地表に出ることで溶岩という呼び名が与えられるのです）。地上に出たばかりの溶岩は、どろどろと流れる（場合によってはもっちりした）物体ですが、これが冷えて固まった岩石のことも溶岩といいます。この本で出てくる溶岩という語は、岩石のことが多い一方で、固まる前のものを意味する場合もあります。

英語では、溶岩のことをLava（ラバ）といいます。この語はイタリア語で、17世紀頃までは洪水の意味でした。しかし、ベスビオ火山の溶岩に転用されて、今の用法になったとされています。なお、日本では明治期のはじめ頃には、溶岩は「熔石」と記されていたようです。

マグマと溶岩には、以上のような違いがあります。したがって「マグマが山腹を流れ下る」とはあまりいいませんし、「溶岩が地下深部から上昇してきて噴火した」はちょっとおかしないい方ということになるでしょう。

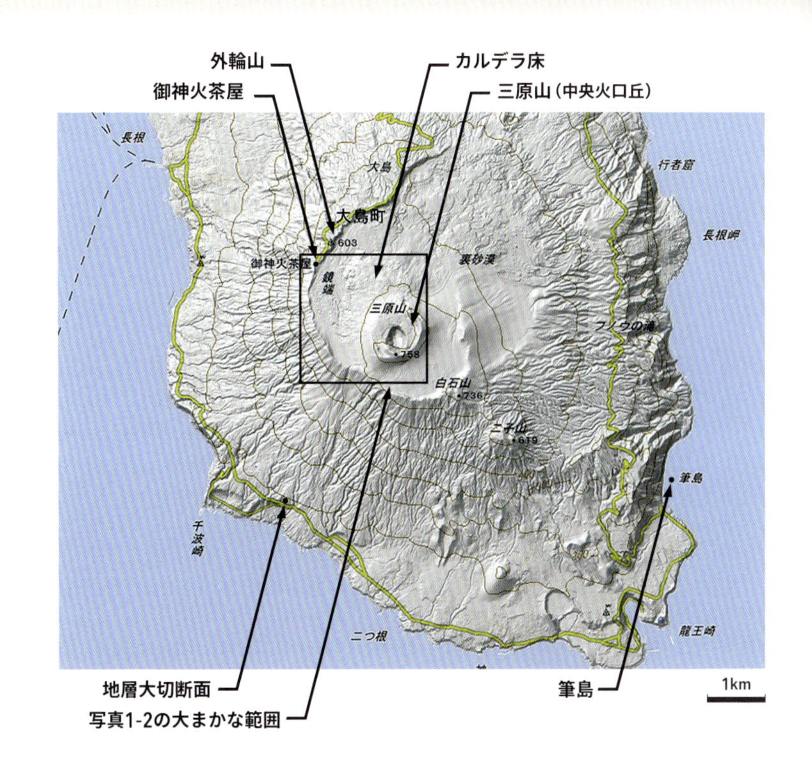

★ 岩石の溶けたもの（液体）のほか、その中に混じっている溶けていない鉱物の結晶も含めてマグマと呼ぶことが多いようです。また、溶けたものの中には、水（H_2O）や二酸化炭素（CO_2）などの揮発性成分（地表付近で気体になりやすい成分）も含まれています。本書では、箇所によっては揮発性成分を含む液体の部分だけ（鉱物の結晶は除く）をマグマと呼んでいる場合があります。なお、岩石などの固体が熱で液体になることを「融ける」とも書きますが、本書では汎用的な「溶ける」を使うことにします。

▶粘りけの低い溶岩は玄武岩

溶岩といえば、その灼熱とともに流れるイメージがありますね。さらさらと川のように流れていく溶岩の映像を見たこともあるのではないでしょうか。

溶岩がさらさら流れるとは、その粘りけ（粘性）が低いということです。粘りけの低い溶岩をつくる岩石は玄武岩（げんぶがん）と呼ばれるもので、それに対応するマグマを「玄武岩質マグマ」といいます。玄武岩の溶岩は、地表に噴出した直後には温度が高く、また成分のせいもあり、粘りけが低いのです。ただし、玄武岩の溶岩であっても、地表に出て温度が少し下がれば、その粘りけは多少高くなるでしょう。また、溶岩中の揮発性成分の量や状態によっても粘りけは影響を受けます。このように溶岩の粘りけは、玄武岩などといった岩石の種類（成分）だけでなく、その状態にもよりますので、ご留意ください。

なお、玄武岩、あるいは本書でこれから出てくる岩石（安山岩やデイサイトなど）とその特徴などについては、**もっと知ろう1**（22ページ）で詳しく紹介しました。適宜参考にしてください。

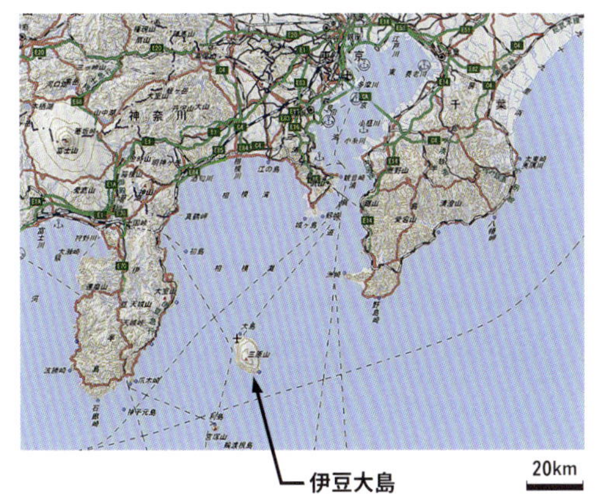

図1-1｜伊豆大島と三原山

地理院地図（https://maps.gsi.go.jp）で標準地図と陰影起伏図を合成して作成したもの

▶伊豆大島の三原山に残る3つの時代の溶岩

玄武岩の溶岩が見られる代表的な火山として、伊豆大島の三原山があげられるでしょう（**図1-1**）。伊豆大島は、東京の南約120kmのところに位置する、伊豆諸島で最大の島です。この伊豆大島の中央付近には、火山活動で生じた大きな円形のくぼ地、つまり「カルデラ」があり、三原山はその中にできた「中央火口丘」と呼ばれる高まりです。この高まり上にメインの火口

があります。カルデラの「外輪山」(くぼ地を取り囲む高まり)上にある、御神火茶屋(ごじんかちゃや)から三原山を望んだものが**写真1-1**です。この写真の下の方がカルデラの底(「カルデラ床」)で、そこからそびえ立つような山体が三原山です。この写真には3つの時代の溶岩が写っています。わかるでしょうか。

写真1-1を一目見てわかるのが、三原山の上から流れ下った、黒い溶岩。幾筋かありますね。これは

写真1-1 | **三原山とカルデラ床**
御神火茶屋から三原山とカルデラ床を望む。御神火茶屋と三原山の位置関係は図1-1を参照。

写真1-2｜三原山周辺における時系列の航空写真

写真a～dの大まかな範囲を図1-1で黒線の枠で示した。いずれの航空写真も写真左上端付近が御神火茶屋である。

国土地理院ウエッブサイト（https://www.gsi.go.jp）の空中写真USA-M885-18, KT638X-C3-3,CKT901X-C2-5, CKT20164-C4-9（画質調整と切り出しを行ったもの）

a｜1948年（昭和23年）4月5日撮影

三原山北側のカルデラ床（写真上部）に安永噴火の溶岩が広がっている。三原山のほとんどの部分もこのときの噴出物でできている。三原山西側（写真中央から左側）のカルデラ床には、砂地が広がっていて、戦前は観光客をラクダに乗せることも行われていたという。

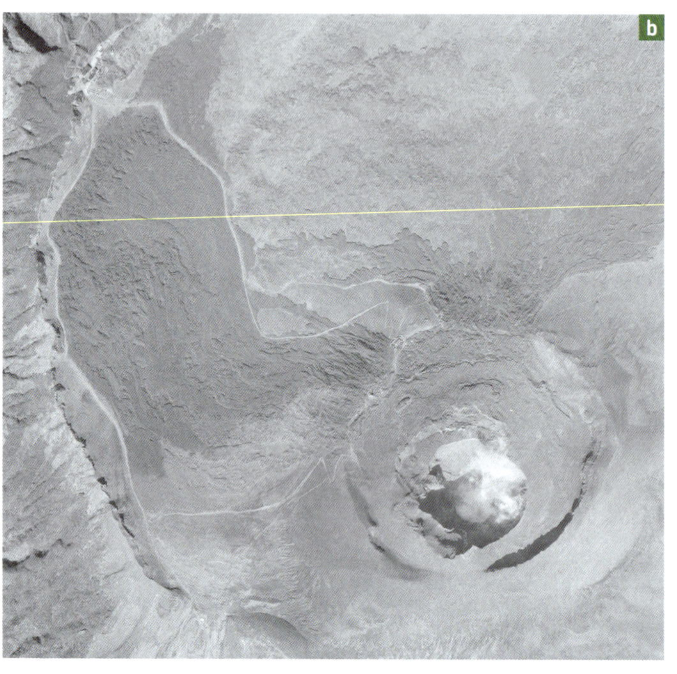

b｜1963年（昭和38年）11月10日撮影

濃いグレーの部分などが1950-51年（昭和25-26年）噴火時の溶岩である。溶岩は三原山の北～西側からカルデラ床に流れ出している。この溶岩上にはまだ植生はほとんど見られない。

1986年（昭和61年）の噴火による溶岩です。それから、カルデラ床の遊歩道の右側に、今や植生に覆われていますが、1950-51年（昭和25-26年）噴火時の溶岩が広がっています。さらに、この遊歩道の左側には、1777-78年（江戸時代、安永6-7年）の噴火による溶岩があります。これは「安永噴火」と呼ばれ、規模がとても大きなものでした。安永噴火で、三原山のおおよその山体ができあがったとされ、また溶岩も大量に流れ出て、東側の海岸まで達しました。

以上のことは、終戦直後から平成の終わり頃にかけ

c｜1990年（平成2年）11月5日撮影
写真中央の流れた形状をしている黒っぽい部分が1986年（昭和61年）噴火時の溶岩である。溶岩は三原山の北〜西側からカルデラ床に流れ出している。三原山の北〜北東のカルデラ床にも、このときの溶岩が見られる。三原山の北〜北東には新たに開いた火口の列も確認できる。1950-51年の溶岩は植生のためやや不鮮明になっている。

d｜2016年（平成28年）11月8日撮影
1986年（昭和61年）の溶岩はまだ明瞭に見えるが、1950-51年のものはかなり植生に覆われている。このような状況の地上で、御神火茶屋（写真左上端）から三原山の火口方向（写真右下）を見たものが写真1-1である。

て撮影された、三原山の航空写真を時系列で見比べればよくわかるでしょう（**写真1-2a〜d**）。

▶粘りけの少ない溶岩はどう流れるか

高温で粘りけの少ない玄武岩の溶岩が流れると、その表面は冷えて固まって丸みを帯びた殻のようになります。しかし、その内部はまだ高温で流動するため、この殻が破れると溶岩が流れ出します。そして、このことを繰り返すと、**写真1-3**のごとく、土のうのような袋を積み上げた形状を残しながら、溶岩は広がって

写真1-3｜安永噴火のパホイホイ溶岩
土のうを積み上げたように見えるものがパホイホイ溶岩である。

いきます。このようにして流れていく溶岩を「パホイホイ溶岩」といいます。この写真のパホイホイ溶岩は安永噴火時のもので、その表面は比較的滑らかに見えます。パホイホイ溶岩の厚さは、数十cmから数mくらいで、水平的な広がりに比べて厚さが薄いのが特徴です。

パホイホイ溶岩の表面は、このように平滑なこともありますが、表面の殻がまだ十分に固まっていないときに、内部の溶岩の流動に引きずられて、殻にしわが寄り、縄模様をつくる場合もあります。このようなものは「縄状溶岩」と呼ばれます。安永噴火の溶岩では、**写真1-4**や**写真1-5**のように縄状溶岩になっていることがしばしばです。この縄状の模様を見ると、溶岩の流れるイメージが湧いてきますね。いずれもカルデラ床で観察できるものです。

カルデラ床で見られる安永噴火のパホイホイ溶岩は、

写真1-5 | **連なった縄状溶岩**

縄状溶岩が連なっている。縄状のしわが生々しい。

写真1-4 | **縄状溶岩**

縄状溶岩が延びている。向こうに連なる山はカルデラの外輪山。

写真1-6｜**滝のように流れ下った？**
溶岩が上から滝のごとく流れ下ったように見える。

いろいろな形態を示します。その中で目を引くのは**写真1-6**のようなものでしょう。なにか日本庭園のような風情を感じさせてくれますね。溶岩が岩の上から流れ下ったように見えます。しかし、**写真1-7**のように、流れ下る溶岩の横にある岩には、シマシマの断面が見えて、いかにも割れたような雰囲気を醸し出しています。つまり、ある程度固まった大きな溶岩塊が割れて、中からどろどろの溶岩が出てきたと見た方がよさそうです。パ

写真1-7｜**横にある岩の断面**
断面に層状の構造が見られる。この層状の殻に覆われていた大きな溶岩が割れて、そこから縄状溶岩が出てきたのかもしれない。

写真1-8｜1950-51年噴火時のパホイホイ溶岩
地形的には、写真の上方に向かって低くなり、カルデラ床へ続く。

ホイホイ溶岩の場合、流れの先端付近で冷え固まっても、内部では後ろから次々と溶岩が流れ込んでくるので内側から全体的に膨張し、時には割れ目が生じて、そこから新たに溶岩が流れ出すこともあるようです。

▶塚や空洞ができることも

三原山の高まりの上に目を移してみましょう。ここにある1950-51年（昭和25-26年）噴火時の溶岩も、一部は**写真1-8**のようにパホイホイ溶岩の様相を呈しています。多少しわの寄った袋状のものが見えますね。この溶岩は、三原山の高まりのちょうど縁にあり、地形的にはこの先で斜面を下ってカルデラ床（写真の上方）へ続きます。

この溶岩の近くには「ホーニト（ホルニト）」と呼ばれる溶岩片でできた“塚”があります（**写真1-9a**）。パ

a｜ホーニト（全体）

写真1-9｜ホーニト
ホーニトが写真9のような状態で残っていることは珍しいという。写真bはホーニトの表面部分を拡大して撮ったもの。

b｜ホーニトの表面

a ｜ 溶岩鍾乳石

b ｜ 溶岩鍾乳石の断面

写真1-10｜溶岩鍾乳石

溶岩鍾乳石の表面は滑らかでチョコレートのようであるが（写真a）、その断面は気泡の見える暗いグレーを呈していて、まさに溶岩である（写真b）。空洞内でいったん固化した溶岩が火山ガスの燃焼で再溶融してできた、あるいは溶岩の液面が低下して滴り落ちたなどの原因が考えられる。溶岩鍾乳石は俗に溶岩のつららとも呼ばれている。

ホイホイ溶岩が流れるとき、固まった表面が割れて、そこから溶岩片が噴き出して積もったものです。ホーニトの表面をよく見ると、溶岩片がベタベタとくっついたようになっています（**写真1-9b**）。このホーニトの形成後、その下の溶岩は流れ去ったため、ホーニトの下には大きな空洞（「溶岩トンネル」）ができました。現地ではホーニトの一部が崩れて、内部をのぞけるようになっている箇所があります（内部はとても暗いです）。また、周辺のパホイホイ溶岩には小規模な空洞（「溶岩チューブ」）もあり、その内部に「溶岩鍾乳石」が見られたりします（**写真1-10a,b**）。

▶状況が変わると表面がガサガサに

さて、三原山やカルデラ床には、パホイホイ溶岩とは異なるタイプの「アア溶岩」と呼ばれるものも広く分布しています。写真1-1や、航空写真の写真1-2で黒く写っているものがそれです。1986年（昭和61年）噴火の溶岩が典型でしょう。1986年噴火の溶岩のところに行って撮ったものが**写真1-11**や**写真1-12**です。黒くてガサガサした破片が一面に広がっていますね。溶岩が一度固まった後に割れてできた破片で覆われているような感じです。アア溶岩はパホイホイ溶岩とはかなり様相が異なります。アア溶岩は玄武岩や、場合によっては安山岩の溶岩で見られます。ここのものは玄武岩です。ところで、アア溶岩全体がこのような破片からなっているのでしょうか。

実は、違います。**写真1-13**や**写真1-14**のように、三原山の遊歩道沿いにはアア溶岩の断面がわかるとこ

写真1-11｜1986年噴火時のアア溶岩

三原山から流れ下ったアア溶岩の先端付近である。黒っぽい岩片が広がっている。

写真1-12｜1986年噴火時のアア溶岩

三原山の斜面すぐ下付近のアア溶岩。向こうに御神火茶屋付近の外輪山が見える。

写真1-13｜**アア溶岩の断面**
アア溶岩の上面・下面付近にガサガサの破片があり、その内部に固そうな溶岩本体がある。1986年噴火時のもの。

写真1-14｜**アア溶岩の断面**
溶岩本体の厚さはやや薄いが、これもガサガサの破片に挟まれている。溶岩本体の上半部で、気泡による穴が多くなっている。1986年噴火時のもの。

ろがあります。これを見ると、アア溶岩の上面や下面付近はガサガサの破片ですが、その内部は固そうな溶岩であることがわかります。また、これらの写真からアア溶岩はパホイホイ溶岩よりも厚いこともわかるでしょう。アア溶岩の厚さは、一般に数mから十数mくらいとされています。

冷え固まった溶岩のやや厚い表面が、まだ固まっていない内部の流動によって破壊されることで、アア溶岩はガサガサの破片をまとうようになります。また、前に進む溶岩の前面では破片が崩れ落ちて、溶岩本体の下敷きになるようです。写真1-13や1-14を見ていると、そのようなダイナミックな動きが感じられるかもしれません。

パホイホイ溶岩とアア溶岩の違いは、溶岩の温度やガス（揮発性成分）の量、流れる速さなどで生じるとみられています（いずれにしてもアア溶岩の方が粘りけがやや高いようです）。パホイホイ溶岩が、その下流でアア溶岩に変わることもあります。1950-51年（昭和25-26年）噴火の溶岩では、三原山の高まりやその斜面の一部ではパホイホイ溶岩ですが（写真1-8）、流れ下ったカルデラ床では、アア溶岩に変わっているようです（**写真1-15**）。安永噴火のパホイホイ溶岩も、流れていった先の海岸近くではアア溶岩に変わっているといいます。

ところで、測量用の航空写真（空中写真）では溶岩全体のようすを見ることができますし、最近は高解像度

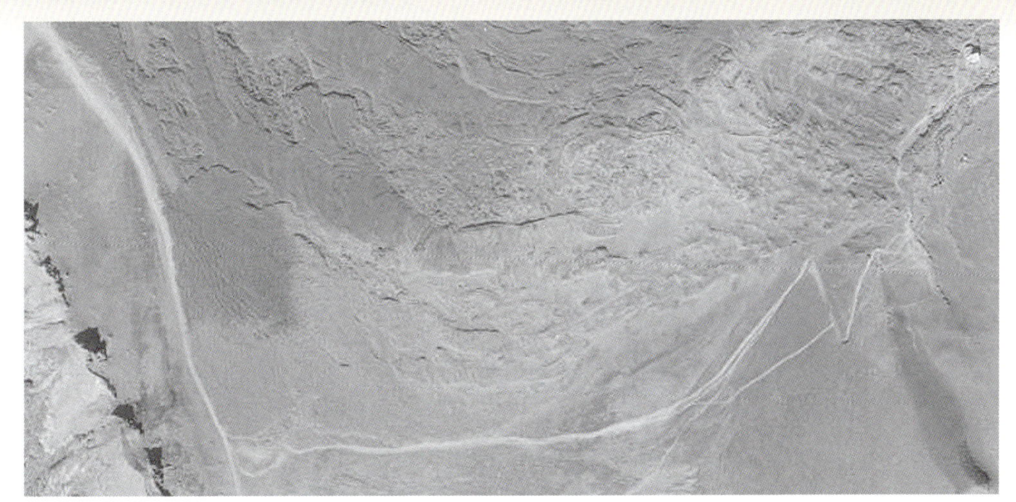

写真1-15｜
1963年(昭和38年)11月10日に撮影した航空写真の一部拡大

写真の右が写真1-9のホーニトがある三原山の縁であり、ノッペリとした感じの溶岩（パホイホイ溶岩）が見える。そこから三原山斜面を下ったカルデラ床（写真の左方）では、全体的に黒っぽい色のアア溶岩になっている。モノクロの航空写真でアア溶岩が全体的に黒っぽく見えるのは、細かなガサガサのため、ほとんど光を反射しないことも原因とみられる。

国土地理院ウエッブサイト（https://www.gsi.go.jp）の空中写真KT638X-C3-3（画質調整と切り出しを行ったもの）。

のデジタル画像として撮影されています。平成の時代の終わり頃に撮られた写真1-2dに写っている1986年噴火のアア溶岩を拡大して見ると、流れたときにできる縄状の模様がかすかに確認できます（**写真1-16**）。アア溶岩も巨視的に見れば、このような模様が生じているのがわかり、流れをイメージすることができるでしょう。

溶岩名に付いているパホイホイ、アアともに、ちょっと不思議な語感の用語ですね。実はこれ、ハワイ語なのです。パホイホイとは「滑らかな」、アアについては「ゴツゴツした」（本来は熱いとか激しいといったニュアンスか）といった意味になります。ハワイといえば、キラウエアやマウナ・ロアといった火山とそこから噴出する溶岩が知られています。現地では、溶岩上の歩きやすさを区別して表現するために、このような語が使われてきたようです。

写真1-16｜
2016年(平成28年)11月8日に撮影した航空写真の一部拡大

カルデラ床にある1986年のアア溶岩の先端付近を拡大したもの。アア溶岩に縄状の模様がかすかに見える。

国土地理院ウエッブサイト（https://www.gsi.go.jp）の空中写真CKT20164-C4-9（画質調整と切り出しを行ったもの）。

写真1-17｜**地層大切断面**
冬の夕日でオレンジ色に染まる地層大切断面。

写真1-18｜**バス停「地層断面前」**
バス停は地層大切断面の北西端付近にある。

写真1-19｜**地層に挟まれる溶岩**
写真の中ほどで、横方向に明るいグレーの溶岩が延びている。

▶溶岩以外にも噴火の痕跡はある

地学の世界において伊豆大島といえば、これまで紹介してきた、三原山とその溶岩がまずは際立ちます。その次くらいに来るものとして、しばしばバームクーヘンにも例えられる「地層大切断面」があるでしょう。インターネットの検索サイトで「地層」というワードで画像検索をかけると、**写真1-17**のような伊豆大島の地層の画像がかなり多く出てきます。あちこちで地層を見てきた筆者にとっては「ちょっとバランスに欠ける検索結果かなぁ」と思いつつも、やはり地層を語る上では、見応えのある、伊豆

写真1-20｜筆島火山
写真右側の海から突き出たような岩が筆島である。火口にマグマを送る火道だったとみられる。海岸沿いの赤黒い岩肌も筆島火山の噴出物でできている。

大島の地層大切断面ははずせないでしょう。島の南西部、大島一周道路沿いに700mあまりにわたって、この地層が大々的に露出しています（位置は図1-1参照）。**写真1-18**のごとく、地層大切断面の北端には「地層断面前」という名のバス停もあります（「大切」の文字が抜けているのがちょっと残念ですが）。

この地層は「スコリアの層（黒っぽい軽石の層）、火山灰の層（明るいグレーの層）、埋没土壌（黄〜明るい茶色の層）」の繰り返しで基本的にはできているようです。その一方で、ここには溶岩も挟まれているのです。場所は地層大切断面の南東端あたり、写真1-17でいえば、右下ぎりぎりのところです。**写真1-19**がその部分で、バームクーヘン様の地層の間に、明るいグレーの固そうな溶岩が挟まっていますね。いつの時代の溶岩かはわかりませんが（数千年前といった、そこそこ古いもの？）、意外に知られていなさそうなので紹介してみました。なお、上記の火山灰やスコリアは「火山砕屑物（さいせつぶつ）」に分類されるものです。火山砕屑物については、**もっと知ろう2**（44ページ）で詳しく紹介しました。

▶伊豆大島の噴火のあらまし

ここで伊豆大島のおおよその来歴を紹介しましょう。今から約100万年前〜数十万年前のことです。この付近には3つの火山がありました。島の南部東側、筆島付近（位置は図1-1参照）で見られる火山の痕跡はそのうちの1つで、筆島火山と呼ばれています（**写真1-20**）。

現在の伊豆大島を形成する火山活動は、およそ4万年前〜3万年前にはじまり、すでにあった3つの古い火山を覆いながら火山が成長していきました。はじめの頃は、海域を中心とする活動でしたが、およそ2万年前からは陸上を主体とする噴火活動に移り、スコリア、火山灰や溶岩を盛んに噴出するようになります。

約1700年前に、山頂部で大規模な爆発とともに火砕流が発生しました。これにともなって山頂部は陥没して、現在見られるカルデラが形成されたと考えられています。この後、カルデラ内での噴火は継続し、1777-78年の安永噴火によって、カルデラ内に三原山が形成されることになります。そして活動は続き、戦後になってからは1950-51年と1986年に溶岩を出す噴火がありました。

もっと知ろう1　いろいろな岩石

▶岩石は鉱物の集まり　では鉱物とは？

少々、カタイ話になります。溶岩は、岩石です。岩石とは、鉱物が集まって固まったもののことです。では、鉱物とは何でしょうか。これはちょっとややこしいのですが、次のようになるでしょう。

鉱物とは、広い意味では、自然に産する均一な固体の物質のことです*。そして、狭い意味では鉱物は、このような固体の物質のうち、原子が規則正しく配置したもの（結晶）をいい、ガラスなどの非晶質な物質（原子が規則正しく配置していないもの）は除かれます。

岩石には、ガラス（ガラス質）のような非晶質なものが含まれることもありますので、上記の「岩石とは、鉱物が集まって固まったもの」という文中の「鉱物」は、狭い意味ではなく広い意味でのものといえるでしょう。後述のように、例えばマグマが急冷されると、ガラス質の部分を有する岩石になることがあります。

*例外として、常温で液体である自然水銀も鉱物に分類されます。

▶岩石はでき方により3つに分類される

さて、岩石は、そのでき方の違いに基づいて、大きく「火成岩」、「堆積岩（たいせきがん）」、「変成岩」の3種類に分けられます。

火成岩はマグマが固まってできた岩石のことです。そして、マグマの発生、噴出、固結やそれらにともなう諸作用を「火成作用（火成活動）」と呼びます。

堆積岩はごく大まかにいえば、砂や泥、生物の遺骸が海や川などで降り積もって固化したものです。このような砂や泥などを固結した岩石にする作用は「続成作用」と呼ばれます。砂が固まった「砂岩」、あるいは泥が固化した「泥岩」は代表的な堆積岩でしょう。

変成岩は既存の岩石が熱や圧力によって、ほぼ固体のままで別の岩石に変化したものです。既存の岩石を変成岩にする作用を「変成作用」と呼びます。溶岩にもなる玄武岩（正確には玄武岩と同じような組成の岩石）が低い程度の変成作用を受けると、緑色系の鉱物が生じ、岩石全体は緑色を帯びます。これを「緑色岩」とか「緑色片岩」といいます（第12章で緑色岩が登場します）。

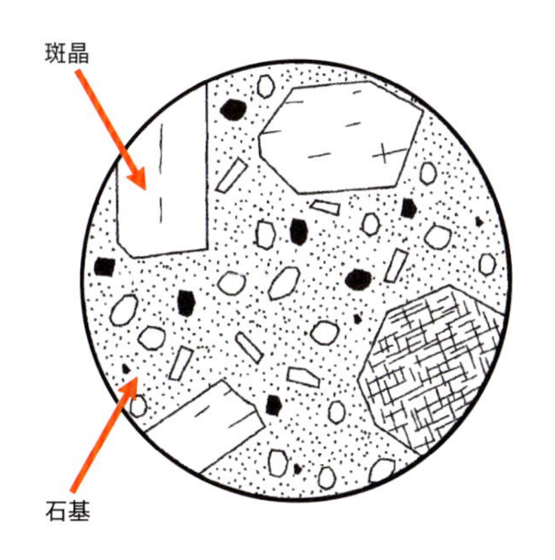

図1-2｜斑状組織
岩石の薄片を顕微鏡でのぞいたときのイメージである。薄片は、岩石をプレパラートにはり付け、ごく薄く（0.03mm）まで研磨して作成される。

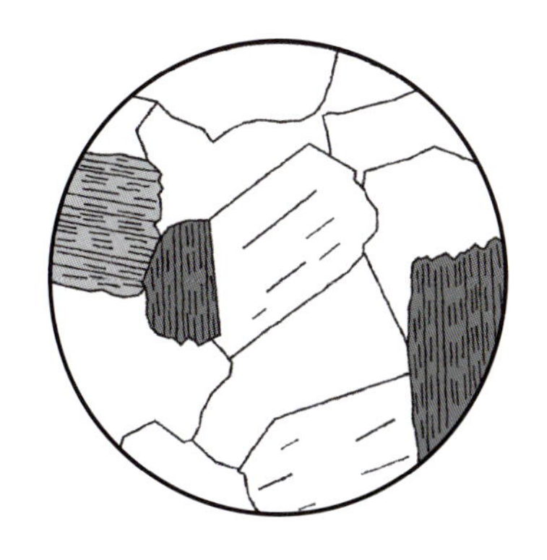

図1-3｜等粒状組織
岩石の薄片を顕微鏡でのぞいたときのイメージである。

さて、岩石の3つの分類のうちで火成岩が、溶岩を語る上で必須になります。ということで、火成岩について、以下でより詳しく説明しましょう。

▶火成岩は火山岩と深成岩に分けられる

火成岩は、マグマが地表や地下で冷えて固まってできた岩石です。このような火成岩の中で、マグマが地表近くや地表に出て固結したものを「火山岩」といいます。火山岩の場合、マグマが急速に冷やされるため、鉱物の結晶は大きく成長できず、非常に細かな結晶やガラス質の岩石になります。もし、急冷されるマグマ中に、大きく成長した結晶がすでにあれば、非常に細かな結晶などがそれらを取り囲むことになるでしょう。火山岩によく見られる、この大きな結晶を「斑晶（はんしょう）」、そのまわりの部分を「石基（せっき）」といいます。そして、このようなものは「斑状組織」と呼ばれます（**図1-2**）。

一方、マグマが地下でゆっくり冷えると、そこから晶出（しょうしゅつ）する（液体が冷える過程などで結晶が生じる）鉱物は粗粒になります。このようにしてできた火成岩を「深成岩」といいます。深成岩では、大きさがほぼそろった粗粒の鉱物で構成される「等粒状組織」になります（**図1-3**）。

以上のように、火成岩は、火山岩と深成岩に分けられます。ただし、この両者については、地下とか、地

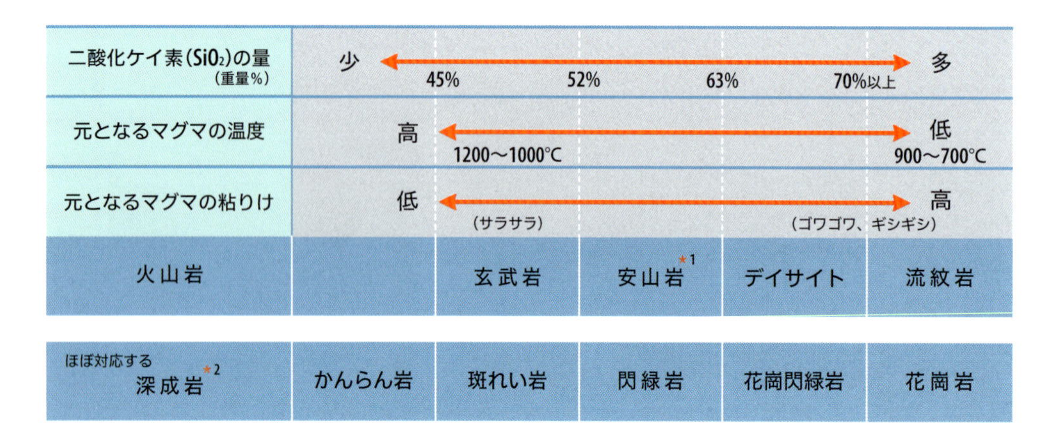

二酸化ケイ素（SiO_2）の量（重量%）	少 ← 45%	52%	63%	70%以上	→ 多
元となるマグマの温度	高 ← 1200～1000℃			900～700℃	→ 低
元となるマグマの粘りけ	低 ← （サラサラ）			（ゴワゴワ、ギシギシ）	→ 高
火山岩		玄武岩	安山岩★1	デイサイト	流紋岩
ほぼ対応する深成岩★2	かんらん岩	斑れい岩	閃緑岩	花崗閃緑岩	花崗岩

表1-1 火山岩と深成岩の分類

★1 安山岩のうち、SiO_2の量が57%以下のものを「玄武岩質安山岩」ということがある。

★2 深成岩については、化学組成ではなく構成鉱物の量比に基づいて分類することが基本である。この際、石英と長石の量比や斜長石の組成が重要なポイントとなる。火成岩の詳しい分類については、参考文献[1]の付図付表・索引（別冊）の「19国際地質科学連合（IUGS）の火成岩分類図」に掲載されている。

表近く・地表といった形成の場など、岩石の成因に関わることとは無関係に、斑状組織や細粒の結晶・ガラス質のものを火山岩、等粒状組織のものを深成岩とするという見方もあります（地表近くの地下で深成岩ができる場合もあるようですので）。いってみれば、単に火成岩の組織で分けるという、割り切った考え方です。

▶火山岩はSiO_2の含有量により分類される

火成岩の分類として、火山岩と深成岩を紹介しました。でも、これはまだまだ大きな区分です。それでは、この両者のさらに細かい分類は、どのようになっているのでしょうか。

まずは火山岩です。これが溶岩をつくる岩石です。火山岩の場合、斑晶を除けば構成鉱物がごく細粒であったり、あるいはガラス質であったりします。つまり、構成鉱物を使っての分類はかなり困難なことが多いのです。そこで、火山岩の分類には、一般に岩石の化学組成を用います。では、火山岩を分類する上で、重要となる成分は何でしょうか。

それは二酸化ケイ素（以下、SiO_2）、つまり水晶（石英）の成分です。通常、火山岩に含まれているSiO_2の量はとても多く、さらに火山岩やその元となるマグマの特徴・性質は、このSiO_2の含有量に応じて、ある程度規則正しく変化していきます。ということで、SiO_2の量（重量%）に基づいて、火山岩は分類されるのです。**表1-1**の火山岩の欄をご覧ください。表の左から右へSiO_2の量は増え★、それにつれて火山岩の名称は「玄武岩」、「安山岩」、「デイサイト」、「流紋岩」と変わります。そして、このような名称こそ、岩石の具体的な名前なのです。

★ 表1-1の左から右へ、火山岩のほかの主要成分も変化し、それには傾向があります。大まかな傾向としては、SiO_2が増加すると、つまり表の左から右へいけば、「マグネシウム（MgO＝酸化マグネシウム）、鉄（FeO＝酸化鉄（II）。正確にはFe_2O_3＝酸化鉄（III）も含めた換算全鉄量）、カルシウム（CaO＝酸化カルシウム）は減少し、一方ナトリウム（Na_2O＝酸化ナトリウム）、カリウム（K_2O＝酸化カリウム）は増加する」となります（岩石の化学成分は、かっこ内で示したように酸化物の形で表示することになっています）。この中で、MgOが減少することは頭の片隅においてください。第9章で珍しい岩石を紹介する際に、このことが再登場します。

▶SiO_2の少ないマグマはさらさら流れる

表1-1からわかるように、SiO_2の量が少ない火山岩が玄武岩です。玄武岩は地球上においてもっともよく見られる火山岩で、なかでも（堆積物の下にある）海洋底に広く分布しています。玄武岩をつくるマグマ、すなわち玄武岩質マグマは、高温（1000℃～1200℃）で、粘りけが低く、地表に出れば、さらさらと流れるような感じになります。このあたりのことは第1章本文で説明した通りです。

SiO_2の量が多い火山岩としては、安山岩や流紋岩などがあります。これらをつくるマグマは、玄武岩のものよりも温度が低く、粘りけも高くなります。例えば、流紋岩の場合、マグマの温度は700℃～900℃くらいですし、その粘りけもとても高くなります。粘りけの高いマグマがつくる溶岩については、第3章以降で紹介しましょう。

▶深成岩の分類を対応する火山岩で見る

次は、深成岩の分類です。深成岩は、それを構成する鉱物が粗粒なので、鉱物の量比を知ることができます。このため、これに基づいて分類されます。

とはいえ、深成岩の分類は、元となるマグマが同じようなものである火山岩とともに示した方がわかりやすいでしょう。表1-1の最下段、深成岩の欄に、火山岩と対応する形で具体的な岩石名を記しました。例えば、玄武岩に対応する深成岩が「斑れい岩」ですし、流紋岩に対応するのは「花崗岩」になります。

深成岩はもちろん溶岩という形で出現しませんが、せっかくですから、ここでは興味深い例を1つ紹介しましょう。深成岩の構成鉱物は粗粒ですが、そのような中でも特に結晶が大きく成長した場合です。

写真1-21は花崗岩で、石英、長石（カリ長石、斜長石）、黒雲母などの鉱物からなる白っぽい岩石です。そして、写真の下から上へ、カリ長石などの大きな結晶が見られる部分が延びています。花崗岩にはときどき、このように結晶の大きくなっている部分が脈状に入っていることがあり、これを「ペグマタイト」と呼びます。花崗岩のマグマが固結する際、水などの揮発性成分が多くなった部分で、このような大きな結晶をつくるとされています。写真は、岐阜県中津川市、いわゆる苗木地方のものです。

▶マグマのふるさとにある岩石、かんらん岩

表1-1で、SiO_2の量がとても少ない深成岩に位置づけられている「かんらん岩」は、地表ではあまり見られません。この岩石は「かんらん石」や「輝石」を主要な構成鉱物とするものです[*1]。**写真1-22**は、北海道日高地方東部の様似町で見られる、かんらん岩です。

さて、地球の一番外側（地表側）に「地殻」があり、

写真1-21｜花崗岩とペグマタイト
花崗岩は、石英、長石（カリ長石、斜長石）、黒雲母などからなる。写真には、カリ長石などの結晶が大きく成長した部分（一部で空洞）が写っていて、このようなところをペグマタイトという。ペグマタイト中の空洞の幅は10cm弱。

その下に「マントル」があることはご存じでしょう。地殻の厚さは数km～数十kmくらいで[*2]、玄武岩質～花崗岩質の岩石からなります（詳しくは表9-1説明文も参照、112ページ）。そして、マントルの上部を構成している岩石こそが、かんらん岩なのです。このマントル上部で、何らかの原因により、かんらん岩の一部が溶けると、あの温度の高い玄武岩質マグマができるとされています（マントルは基本的には固体です）。つまり、マントル上部は、多くのマグマのふるさとであり[*3]、かんらん岩はそこにある岩石なのです。ですから、かんらん岩はマグマを考える上で、とても重要な岩石といえます。かんらん岩とマグマについては、**もっと知ろう3**で改めて説明します。

*1 これまで紹介した火成岩における、主要な構成鉱物を列挙すれば、次のようになります。
かんらん石、輝石、角閃石（かくせんせき）、黒雲母、長石、石英
また、火成岩の主要な化学成分は、次のようになります（かっこ内はその酸化物）。
ケイ素（SiO_2）、アルミニウム（Al_2O_3）、鉄（FeO）、マグネシウム（MgO）、カルシウム（CaO）、ナトリウム（Na_2O）、カリウム（K_2O）

写真1-22｜かんらん岩
くすんだ緑色のところが、かんらん岩の新鮮な面である。ここのかんらん岩は、主としてかんらん石からなり、少量の輝石やクロムに富んだスピネルを含んでいる。かんらん石や輝石については、第9章や第10章でも説明する。

▶かんらん岩は地下で水に出会うと変身

ところで、マントル上部にある、かんらん岩が何らかの原因で上昇して、比較的低温（といっても600℃かそれ以下ですが）の状態で水（H_2O）と出会ったり、あるいは地下深部まで水が進入して、かんらん岩と出会ったりすると、とても興味深いことが起こります。実は、両者が出会うと、かんらん岩中のかんらん石や輝石は、水と反応して「蛇紋石」という鉱物などに変化するのです。

この蛇紋石を主に含んだ岩石を「蛇紋岩」といい、またこのような変化を「蛇紋岩化作用」と呼びます（一種の変成作用あるいは変質作用といえます）。蛇紋岩も緑色を基調にしていて、淡い色合いからダークなものまでさまざまです。また、しばしばその表面には油を塗ったような独特の光沢があり、スベスベに見えるところもあります。**写真1-23**は神奈川県横須賀市で見られる蛇紋岩です。JR横須賀線、衣笠駅の近くの崖に露出しています。

さて、蛇紋石は含水鉱物と呼ばれるもので、かんらん石や輝石と水（H_2O）が反応し、水酸基OHを取り込んだ組成になっています[*1]。この反応で、取り込まれずにあまった水素はH_2（水素分子）という形で放出さ

このように、火成岩の主要な構成鉱物や化学成分は、それほど多くありません。

★2 海洋では地殻は数kmと薄く、大陸では数十kmくらいの厚さになります。

★3 このようにしてできた玄武岩質マグマの温度が徐々に低下すると、鉱物（結晶）がどんどん晶出・沈下していきます。つまりマグマから鉱物、もっといえば鉱物に入りやすいMgOなどの成分が取り去られていくのです。このような成分が鉱物として取り除かれていくと、マグマ中のSiO_2の割合は少しずつ高くなって、残りのマグマは安山岩質になり、やがてデイサイト・流紋岩質になっていきます。これをマグマの「結晶分化作用」といいます。ただし、安山岩質〜流紋岩質マグマについては、この結晶分化作用のほか、マントルから上昇した熱い玄武岩質マグマが地殻の岩石（玄武岩質〜花崗岩質の岩石）を溶かしてできる場合や、さらには玄武岩質マグマと、例えばデイサイト質マグマが混合して、安山岩質のものができる場合もあるようです。

写真1-23 | **蛇紋岩**
スベスベ感とグサグサ感のある、独特な風貌の岩石である。

れます。さらに、かんらん石や輝石が蛇紋石になると、結晶の構造が大きく変わります。このことを受けて、蛇紋石の集合物である蛇紋岩は、かんらん岩に比べて、密度が小さく変形しやすいものとなります[★2]。簡単にいえば、かんらん岩が蛇紋岩に変わると、軽くてズルズル動きやすいものになってしまうのです。

最近では、蛇紋岩はいろいろな面で注目されています。以下で、興味深い例を2つご紹介しましょう。

▶蛇紋岩化からエサを得ていた貝？

写真1-24をご覧ください。北海道、日高地方西部の平取町で見られた砂岩と、その中に含まれる二枚貝の化石です。でも、この砂岩、色がちょっとおかしくないですか。濃緑色をしています。実はこれ、「蛇紋岩砂岩」と呼ばれる岩石で、この砂粒の多くは、蛇紋岩が砕けたものなのです。一方、貝化石は、2枚の殻が合わさっていますね。流されてきたものではなく、どうやらここに生息していたもののようです。こんな蛇紋岩だらけのところで生きていけたのでしょうか。ずっと不思議に思っていました。

このような疑問に関連して、インターネットで非常に興味深い記事を見つけました。2012年2月のことです。タイトルは「世界ではじめてマントル物質からの湧水域でシロウリガイ類を発見」(参考文献[87])。マントル物質であるかんらん岩の蛇紋岩化作用で発生した水素から、さらにメタン（CH_4：水素が周囲の炭素と反応してできる）も発生し、それが混じった湧水のある海底で、メタンをエサとするシロウリガイ類という二枚貝を発見したというのです。その場所はマリアナ海溝の深海底。この周囲には蛇紋岩が露出し、シロウリガイはかなり大規模に群生しているようです。そして、記事は「約40億年前の地球上の原始生命は、このような蛇紋岩化作用に関連して発生したのではないか

★1 Mg（マグネシウム）成分のかんらん石・輝石（斜方輝石）と蛇紋石の化学式は、それぞれMg_2SiO_4・$MgSiO_3$と$Mg_3Si_2O_5(OH)_4$になります。なお、マントルのかんらん石や輝石には、Mgを置き換えてFe（鉄）成分もいくらか入っています。

★2 かんらん岩と蛇紋岩の密度は、それぞれ約3.3g/cm^{3}と約2.7g/cm^{3}です。

と考えられており、本発見は、そのような環境を理解できる場として極めて貴重です」と結ばれていました。夢のある話ですね。

写真1-24で見られる二枚貝は、形状からシロウリガイ類ではないでしょう。しかし、この記事に書かれた状況と共通するところが多いようにも見受けられます。もし、ここの蛇紋岩砂岩がそのようなものであれば、地球の息づかいというか、ロマンを感じてしまいます。

▶蛇紋岩化から水素エネルギーが？

かんらん岩の蛇紋岩化作用は、実用的な面でも注目されているようです。今や地球温暖化対策として、二酸化炭素の排出削減は喫緊の課題となっています。そして、二酸化炭素を排出しないエネルギー源として注目を浴びているのが水素。では、この水素を環境に負荷をかけないようにして得るにはどうしたらよいのでしょうか。

実は蛇紋岩化作用が使えそうなのです（参考文献[120]）。先に述べたように、蛇紋岩ができるとき、水素も発生します*。しかも、地下深くでは、このような作用が継続的に起きている可能性があります。もしそうであり、このような水素が経済的に回収できれば、再生可能エネルギーとして使えることでしょう。もしかしたら近い将来に、蛇紋岩はエネルギー問題の救世主となるかもしれませんね。

*ちょっと専門的になりますが、かんらん岩中のかんらん石の蛇紋岩化作用を例にして、水素発生について補足します。かんらん石中のMg（マグネシウム）はFe（鉄）に置き換わることができます（112ページの*2も参照）。マントルのかんらん石はMgとFeの割合が9:1くらいです。このようなかんらん石は化学式では$(Mg_{0.9}Fe_{0.1})_2SiO_4$と表せます。蛇紋岩化作用では、かんらん石に水（$H_2O$）が加わるので、次のような反応式が考えられます。

$$3\overset{\text{かんらん石}}{(Mg_{0.9}Fe_{0.1})_2SiO_4} + 4.1\overset{\text{水}}{H_2O}$$
$$= 1.5\overset{\text{蛇紋石}}{Mg_3Si_2O_5(OH)_4} + 0.9\overset{\text{ブルーサイト}}{Mg(OH)_2} + 0.2\overset{\text{磁鉄鉱}}{Fe_3O_4} + 0.2\overset{\text{水素}}{H_2}$$

かんらん石中の鉄イオンは2価ですが、磁鉄鉱中の鉄イオンの一部は2価で残りは3価です。つまり、この反応では、かんらん石中の2価の鉄イオンの一部が酸化して3価の鉄イオンになるとともに、水が還元されて水素が発生します。

写真1-24｜蛇紋岩砂岩と二枚貝

地層はニニウ層群下部で、時代は新第三紀中新世の前期末から中期はじめ（およそ1700万年前～1500万年前）とされる。

第2章 流れる溶岩 富士山

▶富士山は玄武岩質マグマによりできた

富士山といえば、標高3776mと日本一の高さを誇り、形状が美しく、すそ野ものびやかな火山です（**写真2-1**、**図2-1**）。また、信仰や芸術の対象という観点で評価され、世界文化遺産にも指定されています。

実はこの富士山、主に玄武岩質マグマの活動によってできたものなのです。このため、富士山周辺では、さらさらと流れてきた溶岩があちこちで見られます。もちろん富士山の噴火活動では、溶岩の流出だけではなく、火山灰などの噴出物が大量にもたらされたりもしました。

さて、富士山の溶岩については、その北麓に広がる原生林、青木ヶ原樹海にあるものがもっとも知られているでしょう。これは「青木ヶ原溶岩」と呼ばれてい

写真2-1｜すそ野が美しい富士
河口湖付近（富士山の北側）から望む富士山。

ます。青木ヶ原樹海はこの溶岩の上にできたものなのです。

▶大きな湖が溶岩で分断され西湖・精進湖に

青木ヶ原溶岩は、864年〜866年の噴火（平安時代の「貞観噴火」）で流れ出ました。この溶岩は富士山頂の火口からのものではなく、**図2-2**に示すように、山頂からずっと下った、北西の山麓に近い山腹（長尾山とその周辺）からもたらされたのです。

図2-2からわかるように、青木ヶ原溶岩は下るにつれて末広がりになり、富士山麓にある西湖（さいこ）、精進湖（しょうじこ）、本栖湖（もとすこ）に流れ込んでいます。実は、この噴火の前には西湖から精進湖付近にかけて、剗海（せのうみ）と呼ばれる、1つ

図2-1 富士山とその周辺
地理院地図（https://maps.gsi.go.jp）で標準地図と陰影起伏図を合成して作成したもの

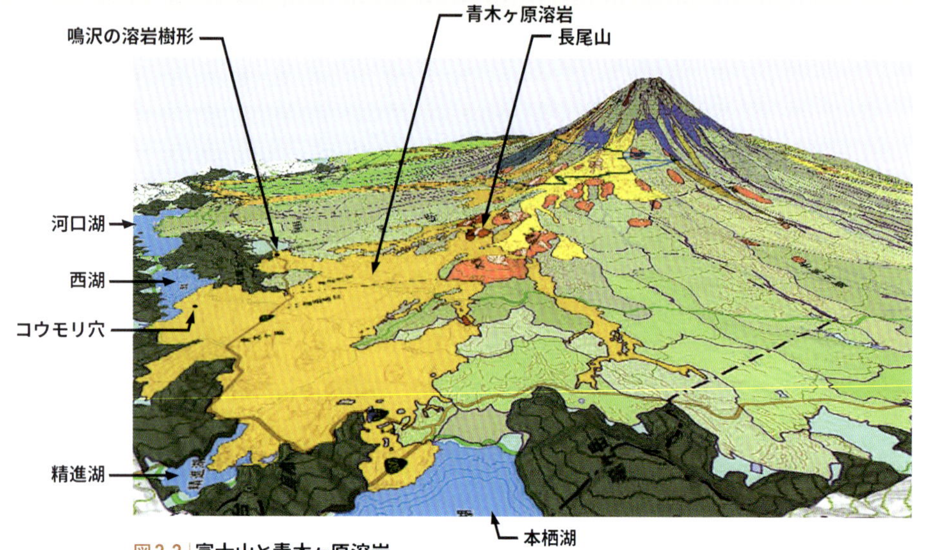

図 2-2 | **富士山と青木ヶ原溶岩**

富士山における溶岩などの分布図（参考文献［93］に基づく火山地形分類データ）を3Dにしたものである。高さ方向を1.2倍に強調してある。3Dでは、富士山を西北西の方向から見ており、おおよその方位は、北：図の左方向、南：図の右方向、西：図の手前方向、東：図の奥方向になる。長尾山とその周辺から流れ下っているもの（図では濃い黄色の部分）が青木ヶ原溶岩である。この図から青木ヶ原溶岩の西湖、精進湖、本栖湖への流れ込みがよくわかる。

地理院地図（https://maps.gsi.go.jp）で標準地図と火山地形分類データ（富士山）を合成して3D化し、画像処理ソフトで色合いを変えたもの

の大きな湖が広がっていました。しかし、ここに溶岩が流入したことで、かつての大きな湖は、西湖と精進湖に分かれてしまったのです。

▶湖岸では溶岩の姿がよく見える

貞観噴火では、粘りけの低いパホイホイ溶岩やアア溶岩が大量に流れ出ています。青木ヶ原樹海の中は、薄暗く、地表が樹木やコケなどの植生で覆われているためか、溶岩のようすは今ひとつはっきりとしません（**写真2-2**）。溶岩や地層を見る上で最適な場所、それは海岸や湖岸などの水際です。露岩が常に水で洗われているため、岩石がよ

写真 2-2 | **樹海の中の溶岩**

溶岩は樹木やコケなどの植生に覆われている。

写真 2-3 | **西湖の湖岸**

湖岸は水に洗われるため、植生に覆われることがなく、溶岩の観察に適している。

写真2-4｜**湖岸のパホイホイ溶岩**
写真中央の上方奥に、袋を積み重ねたような溶岩が見える。その手前の両側では縄状溶岩がたれ落ちたようになっている。

く見えます。青木ヶ原溶岩の場合、例えば西湖西端からの南岸沿い（図2-2で西湖と溶岩が接しているところ）に溶岩があらわになっています。

写真2-3は、青木ヶ原溶岩が露出する西湖の湖岸です。明るいグレーの溶岩が湖岸に沿ってずっと見えていますね。この場合はパホイホイ溶岩のため、表面は比較的滑らかで、一部では縄状溶岩になっているところもあります。湖岸を探索していくと、**写真2-4**や**写真2-5**のような、いろいろな姿の縄状溶岩と出会えてなかな

写真2-5｜**縄状溶岩とコケ**
縄状溶岩の縄と縄の間にコケが生えて、なかなか趣のある露岩になっている。

写真2-6｜**溶岩トンネルの入口**
コウモリ穴と呼ばれる溶岩トンネルの入口である。
入口は階段があり、また内部には照明が整備されている。

か楽しいものです。

▶溶岩が流れ去ってできる空洞、溶岩トンネル

粘りけの低い溶岩が流れる場合、外気に触れる表面は固化する一方で、その内部にはまだまだ熱くどろどろの溶岩があったりします。内部のどろどろの溶岩が先へ先へと進んで流れ去ってしまうと、そこに空洞ができることもあります。このようにしてできた空洞が溶岩トンネルとか溶岩チューブと呼ばれるものです。前述の伊豆大島でもホーニト（写真1-9、15ページ）の周辺で、このようなものは確認されていますし、ここ青木ヶ原溶岩ではかなり規模の大きな溶岩トンネルが数多く知られています。

西湖近くにある、コウモリ穴と呼ばれる溶岩トンネルは、総延長が350m以上と規模も大きく、その内部ではいろいろな形態の溶岩を見ることができます（位置は図2-2参照）。

この溶岩トンネルへの入口は、空気に触れて厚く固結した溶岩に、ちょうど大きな亀裂が入ったようなところにあります（**写真2-6**）。トンネル内には照明装置が整備されていて、入口に立つと、内部はほんのりと明るく、“洞窟初心者”には安心感を抱かせてくれます。このトンネルを順路にしたがって進んでみましょう。

▶溶岩トンネル内のさまざまな造形物

溶岩トンネルに入って、まず出迎えてくれるものは、トンネル内の説明板で“溶岩ドーム”と呼ばれている、不思議な形態をした溶岩です（**写真2-7**）。説明板には、水蒸気などのガスが集まってできたと記されていますが、膨れるようにして盛り上がったのでしょうか。ちょっとミステリアスな造形物です。

“溶岩ドーム”から奥へ、溶岩トンネルの床がせり上がった狭い空間をかがみながら進むと、トンネルの低い天井に多数の溶岩鍾乳石がたれ下がっているところに出ます（**写真2-8**）。狭苦しい場所ですが、チョコレートが溶けたような溶岩鍾乳石は必見でしょう。

溶岩トンネルをさらに進むと、広い空間の溶岩トンネルと合流します。ここではトンネルの床に、縄状溶岩が広がっています（**写真2-9**）。トンネルの中をどろどろの溶岩が流れていた証しです。トンネル内では、植生に覆われることがないため、生々しい姿の縄状溶

写真2-7｜溶岩トンネル内の“溶岩ドーム”

この溶岩トンネルにおいて“溶岩ドーム”と呼ばれている高まりである。なお、火山学でいう溶岩ドームは、別の意味で用いられる（第4章参照）。

写真2-8｜溶岩トンネル内の溶岩鍾乳石

チョコレートが溶けてたれ下がったような感じである。

写真2-9｜溶岩トンネル内の縄状溶岩

今にも動き出しそうな縄状溶岩である。溶岩トンネル内のものは保存状態がとてもよい。

写真 2-10｜**溶岩トンネル内の溶岩棚**
ここでは2段〜3段の溶岩棚が見られる。

岩と出会えるのでしょう。

この縄状溶岩からさらに奥には、溶岩トンネルの側壁に沿って「溶岩棚」と呼ばれるものが見られます（**写真2-10**）。これについては、側壁が剥がれて棚のようになった、あるいはトンネル内を流れていた溶岩の液面が低下するときに溶岩の一部が張りついてできたと考えられています。この溶岩棚の付近から奥は立入禁止となっています。

さて、溶岩トンネルから出た外でも“溶岩の造形”を見ることができます。粘りけの少ない溶岩では、その表面が固化した後でも内部はどろどろで流動します。そして、この動きによっては、固化した溶岩の表面がドーム状に押し上げられたります。このとき、溶岩の表面が割れながら盛り上がることもあります。**写真2-11**は、このようにして盛り

写真 2-11｜**チュムラス**
チュムラスは溶岩の一部が盛り上がってできたものである。この空洞は溶岩トンネルの入口（写真2-6）にどことなく似ている。溶岩トンネルの入口はこのようにしてできたのかもしれない。

上がった溶岩の一部とみられ、これを「チュムラス」といいます。

▶樹木の跡が溶岩樹型として残る

太い木々が林立したところへ、粘りけの低い溶岩がさらさらと流れ込んできたとしましょう。溶岩はこのような樹木を取り囲んで燃やしてしまうと同時に、そこで冷却・固化します。すると、溶岩には燃えつきた樹木の形をした穴が残ります。このような樹木の痕跡を「溶岩樹型」と呼びます。溶岩樹型ができるには、溶岩の粘りけが低いことが重要です。もし粘りけが高ければ、木々は溶岩になぎ倒されて、溶岩樹型のようにはならないでしょう。

青木ヶ原溶岩でも溶岩樹型が見られます。「鳴沢の溶岩樹型」と呼ばれるものが有名です。この溶岩樹型が見られるところは、青木ヶ原溶岩の先端近くになります（位置は図2-2参照）。このような先端部では、溶岩の量と勢いが低下し、溶岩樹型をきれいに残すにはちょうどよかったのかもしれません。ここでは12もの溶岩樹型が天然記念物に指定されています。

写真2-12は、鳴沢の溶岩樹型の1つです。その直径は1mくらいはあるでしょうか。溶岩樹型の内部をのぞくと、ある程度の深さのところに底があり、また側面の上部にはガサガサ感のある、そして下部には少し緻密な感じの溶岩が見えています（**写真2-13**）。

▶溶岩樹型の縦断面？　不思議な構造

鳴沢の溶岩樹型付近にある運動場横では、青木ヶ原

写真2-12｜溶岩樹型
鳴沢の溶岩樹型で「第5溶岩樹型」とされるものである。スケール代わりのステンレス製スティックの長さは約1.2m。

写真2-13｜溶岩樹型の内部
「第5溶岩樹型」の内部を写したものである。

写真2-14 | 青木ヶ原溶岩の断面
ここはかつての石切場だったため、溶岩のきれいな断面が出ている。

溶岩の断面を見ることができます（**写真2-14**）。溶岩の厚さは2m〜3mです。断面の上部や下部には気泡が多く見られます。この付近の溶岩については、詳しい調査から、その内部がまだどろどろな状態のとき、横方向（溶岩が流れてきた方向）から、内部へさらなる溶岩の供給があって厚みを増した可能性も指摘されています。

ところで、ここの溶岩の断面では、「何、これ？」と感じさせる興味深い構造が数カ所で見られます。例えば、**写真2-15**です。溶岩の下底付近から上方に延びて、溶岩を突き抜けるような構造ですね。中ほどには横筋のような割れ目、上方には塊状ないしはガサガサな溶岩があったりします。

この構造ができた原因については、2つの説があります。1つは、この構造の下部は溶岩樹型でかつ水蒸気などのガス溜まりがあり、中部〜上部はガスが爆発的に抜けた跡（溶岩樹型型溶岩水蒸気噴気孔）という解釈

写真2-15 | 興味深い構造
溶岩の下底から上へ、突き抜けるような興味深い構造が見られる。
スケール代わりのステンレス製スティックの長さは約1.2m。

です。湿地などに溶岩が流れ込むと、水蒸気などのガスが発生して、このようなことが起こるそうです（以上は現地の説明板による）。もう1つは、これは溶岩樹型であり、樹木を取り巻いた溶岩の内部がまだどろどろな状態のとき、さらに溶岩が供給されて、かさが増し、このような構造ができたとする考え方です。もし、後者の説であれば、上記の鳴沢の溶岩樹型の縦断面は、このようになっているのかもしれませんね。

▶富士山の大まかな噴火史

さて、貞観噴火での青木ヶ原溶岩の噴出は、実は富士山の噴火史全体から見れば、ほんの一コマの出来事です。ここで、富士山のあらましについても簡単に振り返っておきましょう。

これまでの調査から、現在の富士山は、先小御岳（こみたけ）火山、小御岳火山、古富士火山、新富士火山という、4つの火山が積み重なってできていると考えられています（**図2-3**）。これらの4つの火山は、この順に活動・形成され、今の山頂は新富士火山のものです。

数十万年前からはじまった先小御岳火山、そして小御岳火山の活動の後、今からおよそ10万年前に古富士火山の噴火がはじまります。古富士火山は、玄武岩質マグマによるもので、爆発的な噴火を繰り返し、山頂火口からの多量の火山灰などを噴出させました。また、このような噴火では、氷雪を溶かして発生した泥流がしばしば流れ下りました（数万年前～約1万年前は氷期）。

約2万年前に古富士火山で大きな山体崩壊があった後、1万数千年前くらいから、再び活動がはじまります。新富士火山の活動です。これも玄武岩質マグマによるもので、すそ野を広く覆う大規模な溶岩の流出などがありました。さらに約5600年から約3500年前には、山頂付近などで溶岩が流出する噴火を繰り返し、現在見られる円錐形の姿へと成長したとされます。

この後、約3500年から約2300年前には、山頂などで火山灰を噴出する噴火が続き、ときどき火砕流（かさいりゅう）も発生しました（火砕流については、**もっと知ろう2**参照）。また、一部の山体が崩壊し、東側の御殿場方面へ流れ下っています。そして、山頂からの噴火は、2300年前くらいを最後に見られなくなります。

約2300年前以降は、山腹での噴火となり、現在に至っています。このような山腹噴火の代表的なものが貞観噴火であり、また1707年の噴火（江戸時代の宝永噴火）もその1つです。宝永噴火は富士山の南東山腹で起き、多量の火山灰を噴出し、当時の江戸にもそれが降り積もりました。

このように振り返ると、貞観噴火の青木ヶ原溶岩は、富士山の長い長い噴火史の中ではほんの一時期の出来事であることがよくわかりますね。

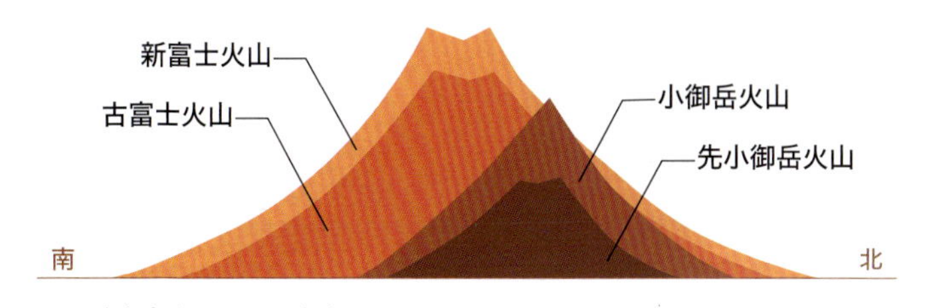

図2-3 | **富士山の4つの火山**
参考文献[109]を参考にして描いたもの

第3章 ちょっと流れにくい溶岩
羊蹄山

▶もう少し粘りけの高い塊状溶岩

これまでは、粘りけの低いパホイホイ溶岩やアア溶岩といったものを紹介してきました。では、これらよりも溶岩の粘りけが高くなると、溶岩はどのようになるでしょうか。

粘りけが高くなれば、溶岩の厚さはだんだんと増し、また内部の流動による破壊でできる表面付近の岩片も大きくなっていくでしょう。そして、溶岩が10mから数十m以上と厚く、溶岩を覆う岩片も大きさ数十cm以上の角張った岩塊になれば、これは「塊状（かいじょう）溶岩（ブロック溶岩）」と呼ばれます。塊状溶岩は、岩石の名前でいえば安山岩とかデイサイトといったもの（マグマでいえば安山岩質マグマやデイサイト質マグマ）で見られます。そのような例をご覧に入れましょう。

▶蝦夷富士と呼ばれる山、羊蹄山

ご紹介するのは北海道札幌市の南西約50kmにある羊蹄山（ようていさん）です（**図3-1**）。もちろん、これは火山であり、溶岩を噴出したこともあります。

羊蹄山は、「蝦夷富士（えぞふじ）」とも呼ばれるほどの美しい姿を誇ります（**写真3-1**）。しかしながら、写真2-1（30ページ）で示した富士山と比べて、輪郭線の反りや、

図3-1 **羊蹄山とその周辺**
このような広域的な地図でも羊蹄山の美しい円錐形は判別できる。この地図から第4章や第5章で紹介する樽前山や有珠山の位置もわかる。
地理院地図（https://maps.gsi.go.jp）で標準地図と陰影起伏図を合成して作成したもの

写真3-1
羊蹄山（蝦夷富士）
美しい山体を誇り、蝦夷富士とも呼ばれる。

すそ野の延びが少し弱く、どことなくずんぐりとした感じも受けます。これは、富士山をつくったマグマが主に粘りけの少ない玄武岩質のものなのに対して、羊蹄山ではもう少し粘っこい安山岩質であることが一因になっているのかもしれません。

▶ねちっこい羊蹄山の溶岩の流れ方

写真3-2や**写真3-3**をご覧ください。羊蹄山の麓で見られる溶岩で、その時代はやや古く1万数千年から1万年くらい前のものとされています。写真では溶岩の断面が見えています。溶岩の上面と下面付近が砕けていて内部に緻密な溶岩本体があり、アア溶岩と似ていますね。しかし、厚さはかなりあります。ウェブ地図である地理院地図の標高表示機能を使うと、溶岩の上面と下面の標高差、すなわちその厚さは十数mから20mあまりになります。そして、溶岩本体には冷却にともなう体積の収縮でできるとみられる「柱状節理」（横断面が五角形や六角形の柱状の割れ目）も発達しています*1。また、溶岩本体を覆っている岩片も、アア溶岩に比べて大きく、またガサガサ感はあまりなく、鋭

写真3-2 | **塊状溶岩**
アア溶岩のように見えるが、厚さはかなりあり、また岩塊も大きい。

写真3-3 | **塊状溶岩**
この部分では柱状節理が発達している。

く割れた面で囲まれた岩塊になっていることがわかります（**写真3-4a,b**）。このようなことから、これは塊状溶岩とみられます。これらの写真を見ていると、ねちっこい溶岩が大きな岩塊をまとってガラガラとゆっくり進むようすがイメージできるかもしれません。また、溶岩には**写真3-5**のような多数の割れ目（「板状節理」）が見られるところもあり、粘っこい溶岩がこすりつけられるようにズリズリ、ギシギシと進んで固まっていったような感じも受けます[★2]。板状節理では、節理（割れ目）の面が互いに平行になっていて、節理で分かれた岩が板状に見えます。

★1　参考文献[2]には、柱状節理の成因説について「岩体表層の冷却時の体積収縮または発泡による内部の膨張によって形成された」と記されています。この後者の見方では、岩体内部が膨張することにより、表層付近にひっぱりの力がかかって割れ目ができ、それが柱状節理になっていくと考えるようです。また柱状節理は、後述の板状節理より遅れて低温で形成されるとみられています。

★2　参考文献[2]では、板状節理は溶岩がまだ高温のとき、その流動に関係してできるとされています。

▶羊蹄山を形成した噴火の歴史

羊蹄山の噴火史についても簡単に触れておきましょ

a｜塊状溶岩の岩片（岩塊）

b｜アア溶岩の岩片

写真 3-4｜**塊状溶岩とアア溶岩**

写真aは、羊蹄山の塊状溶岩上部。塊状溶岩の岩片（岩塊）は大きく、そして鋭く割れている（立木と見比べれば数十cm以上はありそう）。
写真bは、三原山のアア溶岩上部。アア溶岩の岩片は小さく、そしてガサガサしている（草と見比べれば数cm～数十cmくらい）。

う。羊蹄山の中には古羊蹄山と呼ばれる古い火山があると考えられています。古羊蹄山は6万年前くらいには活動していましたが、約4万年前に山体が大きく崩壊したとされています。その後、現在の羊蹄山に至る活動がはじまり、上記の溶岩などを噴出して、今の美しい山体を形成したとみられています。このような火山活動の経緯は、富士山と似たところがありますね。

以上のように、溶岩はその粘りけが大きくなると、様相がかなり変わってきます。そして、地球がつくり出す溶岩には、もっともっとねちっこくて、ほとんど流れないものもあります。第4章以降では、そのような溶岩を紹介しましょう。

写真 3-5｜**板状節理**

板状節理は安山岩によく見られる。
写真の板状節理の場合、互いに平行な節理（割れ目）の面がカーブしている。

もっと知ろう2　火山から噴出するもの

▶火山からはどんなものが噴出するのか

火山からの噴出物について紹介しましょう。噴火によって、空中に放出されたものや地表に出てきたものを「火山噴出物」といいます。火山噴出物には、大きく分けると、溶岩と「火山ガス」、そして「火山砕屑物（火砕物）」があります。火山ガスは火山活動で地表に放出されるガスのことで、多くは水蒸気ですが、ほかに二酸化炭素、二酸化硫黄、硫化水素、塩化水素なども含まれています。火山ガスはマグマ起源のほか地下水などに由来するものもあります。火山砕屑物は、噴火で放出される灰のような細かなものも含めた、さまざまな岩片のことです。

火山砕屑物には、どのような起源のものがあるのでしょうか。例えば、過去にも活動したことのある火山が噴火したとします。このときの火山砕屑物には、この噴火をもたらしたマグマからの岩片だけでなく、古い時期の火山噴火物に由来する岩片もあるでしょうし、場合によってはこの火山とは無関係な岩片（例えば火山の基盤にある岩石）も見られるかもしれません。このように岩片の起源にはさまざまなものがあり得ます。そして、場合によっては、起源の判別は簡単ではないようです。

▶火山砕屑岩は火成岩？　堆積岩？

火山砕屑物が固まってできた岩石は「火山砕屑岩（火砕岩）」と呼ばれます。ところで、火山砕屑岩は、火成岩なのでしょうか、それとも堆積岩なのでしょうか。マグマ起源のものをかなり含む点では火成岩といえますが、その一方で降下したり流されたりした後で積もって固化するため、堆積岩ともいえるでしょう。このようにどっちつかずのところがあるので、あえて火成岩とか堆積岩とはいわず、単に火山砕屑岩と分類しておくのが無難かもしれません。

▶大きさによる火山砕屑物の分類

火山砕屑物の分類について説明しましょう。分類には複数の観点があるため、ちょっとわかりにくいかもしれません。まずは、火山砕屑物のサイズによる区分を紹介します。

火山砕屑物のサイズが2mmより小さなものを「火山灰」、2mm～64mmまでを「火山礫」、64mmより大きくなれば「火山岩塊」というように分けます。ちなみに火山灰は、いってみれば鉱物や岩石の細かな破片であって、木などを燃やしたときに出る灰とはまったく異なります。

上記の区分に関係した火山砕屑岩の分け方にも触れ

ておきましょう。火山砕屑岩はそれを構成する火山砕屑物の量比によって分類されます。具体的には、全体的に火山灰がとても多いものを「凝灰岩」、凝灰岩の中で（火山灰が少なくなる一方で）火山礫が多くなったものを「火山礫凝灰岩」、火山礫凝灰岩の中で火山岩塊が多いものは「凝灰角礫岩」、さらに火山岩塊がもっと多くなってかなりの部分を占めるようになれば「火山角礫岩」といった具合になります。

▶色合いや形などによる火山砕屑物の分類

話を火山砕屑物の分類に戻しましょう。これは、大きさとは別の観点でも区分することができます。

火山砕屑物が、火山ガスの膨張・散逸でできた多数の小さな（細い）穴を持っているとき、これを「多孔質」といいます。火山砕屑物が多孔質の場合、色合いなどに着目した区分も行われます。具体的には、多孔質で白っぽいなど淡色のものを「軽石」、黒っぽいなど暗色のものを「スコリア」と呼んで区別します。軽石の方がスコリアよりも発泡していて密度も小さく軽いものになります。そして、多孔質なものに対する、このような分類では、特にサイズは気にしないようです。軽石は安山岩質から流紋岩質の（SiO_2の量が多い）マグマ、スコリアは玄武岩質の（SiO_2の量が少ない）マグマで生じやすいとされています。

軽石はともかくスコリアは、あまり一般的ではないかもしれません。スコリアは漢字では「岩滓」と書きます。滓は「かす」とも読み、残りかすとか、沈殿物といった意味です。筆者は学生時代に、スコリアを野外ではじめて認識しました。**写真3-6**がスコリアです。写真のものは地層中にスコリアの層として存在しています。スコリアはある程度の密度がありますので、海中を沈下して層をつくったのでしょう（沈下してさらに海底を流れ下って層になったのかもしれません）。この場所は千葉県の房総半島です。房総半島南部から神奈川県の三浦半島にかけて分布する地層には、しばしばスコリアの層が挟まれています。

もっと別の観点からも火山砕屑岩を分類することが

写真3-6｜**地層中のスコリア**
地層は安房層群清澄層で、時代は新第三紀鮮新世の前期（およそ500万年前～400万年前）とされる。

写真3-7｜火山弾
中米、ニカラグアのテリカ火山で見られたもの。この火山は玄武岩〜安山岩質マグマの噴火活動を繰り返してきた。写っているそれぞれの火山弾の大きさ（長さ）は1m以上。写真右側の火山弾は紡錘形であり、層構造も見られる。防災地図作成協力で海外派遣されたときに撮影。

できます。火山砕屑物に特定の形状や内部構造がある場合、例えば「火山弾」（紡錘状、球状、板状などで、ときとして層構造が認められるもの）とか「スパター」（マグマのしぶき状の破片）などに分けられます。火山弾の場合、サイズは火山岩塊くらい（64mm以上）のようです。**写真3-7**は、海外の例になりますが、かなり大きな火山弾です。

▶巨大噴火の堆積物が見られる場所

ちょっと特徴的な火山砕屑物（というよりは火山砕屑岩）を紹介しましょう。火山噴火の中には、巨大できわめて激烈なものがあります。火山が巨大な噴火を起こすと、大量の火山灰を降らせるとともに、大規模な「火砕流」も発生します。火砕流とは、高温の軽石、火山灰、火山ガスなどが周囲の空気を取り込みながら流れ下るものです。北海道札幌市の南部では、このような火砕流の堆積物を見ることができます。

写真3-8をご覧ください。札幌市にある採石場跡地です。ここは、今では公園として整備されています。それにしても見事な崖ですね。最上部には植生と表土が薄皮のようにのっています。そして、その下の明るいグレーの部分が火砕流の堆積物なのです。この堆積物は崖の下まで続きます……が、上半分と下半分では見た目がかなり異なりますね。実は、下半分の火砕流の堆積物は固結していて、石材として切り出されてきました。このため崖が垂直にスパッと切られたようになっています。一方、上半分は固結していない火山灰や軽石からなる火砕流の堆積物です。ここでは未固結なものが崩れて、急な斜面になっています。もちろん、この部分は石材にはなりませんでした。

高温で流下した火砕流の堆積物は、空気や地面と触れる上部や最下部では比較的急激に冷やされますが、下部から中部にかけては、上からの重圧のもとでしばらく高温の状態を保ちます。このため、ここに含まれている火山ガラスなどは一度溶けて、そして固まります。このようにしてできた岩石を「溶結凝灰岩」といいます。溶結凝灰岩の部分では、その中に含まれる軽石が上からの荷重で扁平な形につぶされたりします（**写真3-9**）。溶結凝灰岩も火山砕屑岩の一種です。

写真 3-8｜**火砕流の堆積物**
札幌市南区の石山緑地（採石場跡地）で見られる火砕流の堆積物である。

この採石場では、火砕流の堆積物のうち、溶結凝灰岩となったところが石材として切り出されていたのです。採石された石材は「札幌軟石」として知られています。

この火砕流の堆積物をもたらした巨大噴火は、約4万年前に起こり、大きな陥没地（カルデラ）をつくりました。支笏湖（しこつこ）です。これについては第4章でも触れましょう。

写真 3-9｜
溶結凝灰岩
軽石（白っぽいところ）が押しつぶされて扁平になっている。写真の横幅は約15cm。

第4章 もっちりした溶岩　樽前山

▶溶岩の粘性の違いに1億倍もの幅

マグマの性質の中で、その粘りけ（粘性）は、マグマの種類、特にSiO_2の含有量によって大きく変化し、実に1億倍にも達する幅があるそうです。したがって、とても粘っこいマグマが地上に出て溶岩になれば、ほぼ固体のものがゆっくりと変形していく、あるいはほとんど変形しないといった感じになります。

これまでは粘りけが低く、流れるイメージのある溶岩を取り上げてきました。この章からは、それらとは正反対の、いってみればもっちりした、あるいはどっしりとした感じの溶岩を紹介しましょう。

▶溶岩ドームをつくる火山、樽前山

第3章では羊蹄山を例にして、流れてきた安山岩の溶岩をご覧に入れました。その一方で、安山岩でもより粘りけが高い場合や、デイサイトや流紋岩の溶岩ではほとんど流れず、ドーム状の高まりをつくることがあります。このような高まりを「溶岩ドーム」とか「溶岩円頂丘」と呼びます。ここでは安山岩の溶岩ドームを見てみましょう。

北海道、空の玄関口である、新千歳空港の西には支笏湖があります（**図4-1**）。支笏湖は、約4万年前の巨大噴火でできた陥没地（支笏カルデラ）が湖となったものです。この巨大噴火では、大量の火山灰が降るとともも

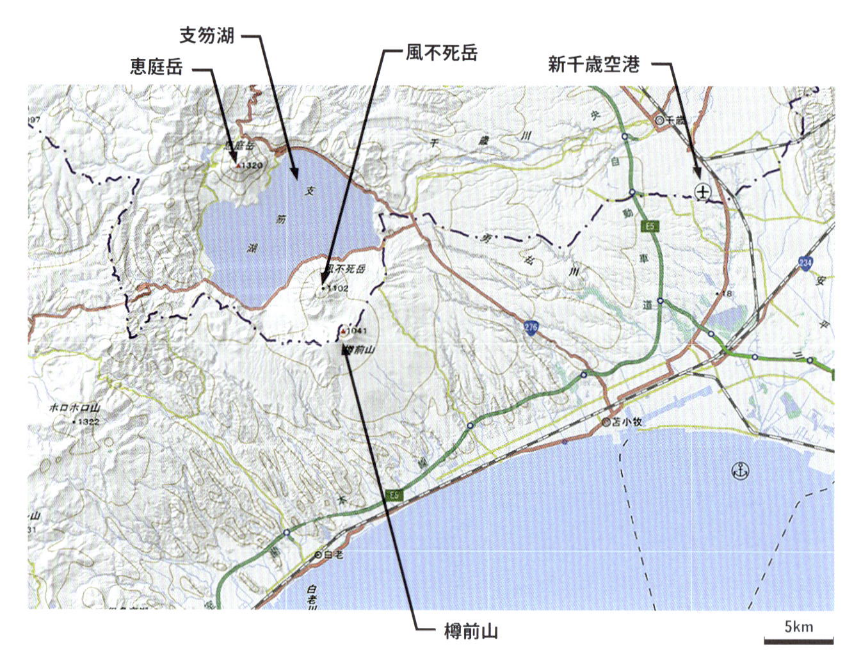

図4-1｜新千歳空港と支笏湖、樽前山
地理院地図（https://maps.gsi.go.jp）で標準地図と陰影起伏図を合成して作成したもの

に、大規模な火砕流も発生しました。このときの火山噴出物は、**もっと知ろう2**で紹介した札幌市南部の採石場跡地（46ページ）のほか、例えば新千歳空港近くにある「露頭（ろとう）」でも観察できます（**写真4-1**）。露頭とは、地層や溶岩などの岩石を観察できるところをいいます。

さて、ここで紹介したい溶岩ドームを持つ火山は、この巨大噴火後、支笏カルデラの南縁にできたもので、その名を樽前山（たるまいさん）といいます。安山岩質マグマがつくった火山です。

▶火口内にそびえ立つ溶岩ドーム

この樽前山、図4-1の地図では、支笏湖の南にある、なんの変哲もないふつうの火山に見えます。強いていえば、侵食があまり進んでいない、きれいな円錐形の火山といった感じでしょうか。その一方で、実際に見る樽前山は**写真4-2**のようになります。写真の左右でスッキリとした山裾を引きますが、頂上付近は、幅広く浅い谷型にやや傾くものの、ほぼ平らになっていますね。実はこれは大きめの火口なのです。そしてなんといっても、火口のほぼ中央付近にある、お供え餅のような出っ張りが目を引きます。写真では、雪で覆われているために白く見えますが、その色は黒っぽいもので、これこそがここで紹介したい溶岩ドームなのです。

「火口縁」（火口の縁のところ）から見た溶岩ドームをご覧に入れましょう。**写真4-3a,b**です。写真のごとく火口内には一度見たら忘れられない光景が広がっています。

写真4-1｜巨大噴火の火山噴出物
下位にある層をなしたところが降り積もった火山灰。上位は火砕流の堆積物。この露頭のようすから、まず多量の火山灰が降り、その後で火砕流が来たことがわかる。

写真4-3aは溶岩ドームを南南西の方向から見たものです。巨大な黒っぽい溶岩ドームが平らな火口内（「火口原」）からそびえ立っているようすがよくわかります。今でも出続ける噴気の影響で、白くなっているところもあります。この方向からは溶岩ドームの基部まで見渡せるので、そこには崩れ落ちた溶岩などが積み重なっていることもわかります。一方、写真4-3bは溶岩ドームのほぼ東側から写したものです。手前に広がる高まりのため、溶岩ドームの基部までは見えません。この高まりは火口原にある中央火口丘の一部なのです。いずれにしても、近くで見る溶岩ドームには相当なインパクトがあります。

写真4-2｜冬の樽前山

南側から望んだ樽前山。美しい山体とともに頂上にある溶岩ドームが特徴的である。

a｜南南西側から見た溶岩ドーム

b｜ほぼ東側から見た溶岩ドーム

写真4-3｜樽前山の溶岩ドーム

いずれの写真も火口縁から見たものである。

▶溶岩ドームができるまでの噴火史

ここで樽前山の噴火史を振り返ってみましょう。約4万年前の支笏カルデラ（支笏湖）をつくった巨大噴火の後、この周辺では風不死岳（ふっぷし）や恵庭岳（えにわ）（位置は図4-1参照）の火山活動がありました。そして、約9000年前になると、樽前山の活動がはじまります。活動開始時には、軽石や火山灰などを放出する爆発的な噴火があり、火砕流も発生したようです。

このような初期の活動の後、休止期間を経て、約2500年前～2000年前にも同様の噴火がありました。そして今は、17世紀後半の1667年（江戸時代、寛文7年）からはじまる、第3の活動期にあるとされています。第3の活動期のうちで、1667年と、その後の1739年（元文4年）の噴火は規模が大きく、火山灰など多くの噴出物を降らせるとともに火砕流も発生しました。

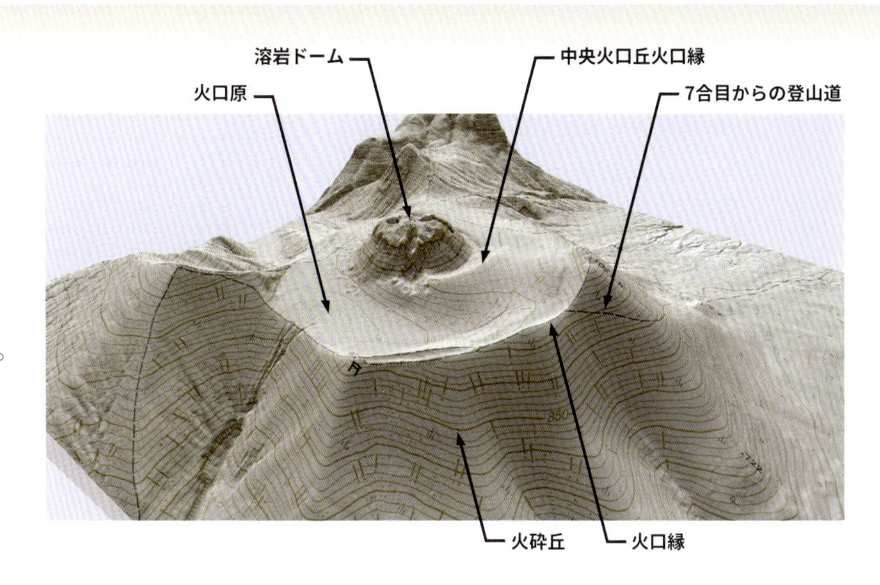

図4-2 **南東方向から見た樽前山山頂付近の3D地形図**（高さ方向の強調1.5倍）
火砕丘上の火口（図の火口縁で囲まれたところ）の大きさは、約1.2km×1.4kmである。
地理院地図（https://maps.gsi.go.jp）で標準地図と陰影起伏図を合成して3D化したもの

図4-2は樽前山の山頂付近について、3D化した地形図で、南東の方向から見たものです。この図からわかるように、土台となる山体はきれいな円錐状の「火砕丘」からなっています。火砕丘とは、火山灰などの火山砕屑物からなる丘のことです。火口の周辺に放出された火山砕屑物が溜まることでできます。樽前山の火砕丘は、1739年までの噴火により降下した噴出物や火砕流の堆積物で厚く覆われています。そして、その頂には1.2km×1.4kmほどの大きな火口があって、その周囲を火口縁がちょっとした高まりとなって縁取っています。

19世紀には、この火口の内側（火口原）での数回の噴火活動によって、低い中央火口丘などができたりしました。そして、20世紀に入って間もない1909年に、中央火口丘の火口を埋める（フタをする）ように、あの溶岩ドームが出現したのです。なお、図4-2からわかるように、中央火口丘の南西部分（図では溶岩ドームの左端あたり）は、溶岩ドームによって覆われていますが、北東側（図では溶岩ドームの右側）では、中央火口丘の火口縁が残っています。このため、溶岩ドームの基部の見え方に、写真4-3aとbのような差があるのです。

▶溶岩ドーム出現、目撃者はいなかった

話は1909年の溶岩ドーム出現時のことです。これについては、参考文献[84]にかなり詳細に記されており、とても興味深い経緯があります。ということで、この文献に基づいて、溶岩ドーム出現のようすを紹介しましょう。なお、この文献は、当時の震災予防調査会という組織に噴火の状況を報告したものです。

1909年（明治42年）の樽前山噴火は、1月に周辺で降灰したことなどではじまりました。2月には鳴動（音響と震動のこと）がしたり、噴煙が上がったりします。3月に入ると地鳴りがして、30日にはついに爆発的に噴煙が上がって降灰します。そして、4月4日に文献の報告者は、この噴火の状況を調査するため、山頂に登ります。このとき、中央火口丘の火口底で新たな陥没地や新鮮な岩塊を見つけ、30日の噴火によるものとしました。文献には、この時点での中央火口丘のようすが描かれています（**図4-3**）。その後、平穏な状態が続きますが、4月12日の夜になって、山頂から電光が見え黒煙が上がります。その噴出量は、3月30日の10倍はあったといい、かなりのものだったようです。その後も鳴動が続きました。

文献の報告者は、4月23日になって、12日の噴火の状況を確認するため、山頂へ向かいます。そして、火口縁に到達したとき、中央火口丘に驚くべきものを見ることになります。あの溶岩ドームです。報告者はこれを「山塊の突起」と表現しています。現在でも、北側の7合目からの登山道（図4-2で示したもの）で火口縁に到達し、いきなり溶岩ドームが視界に入ると、ド

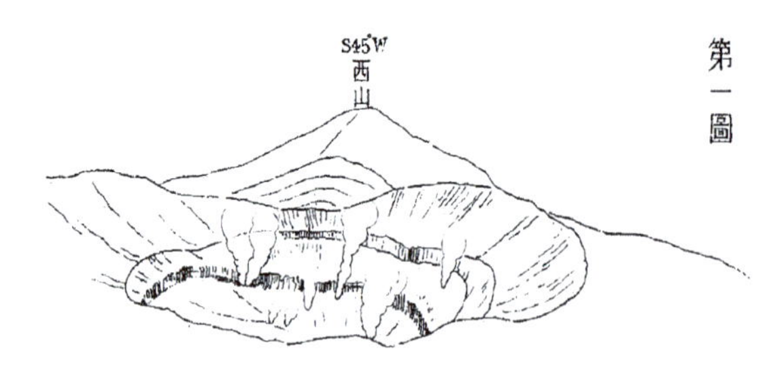

中央火口丘火口縁の東側から見た図

中央火口丘火口縁の南側から見た図

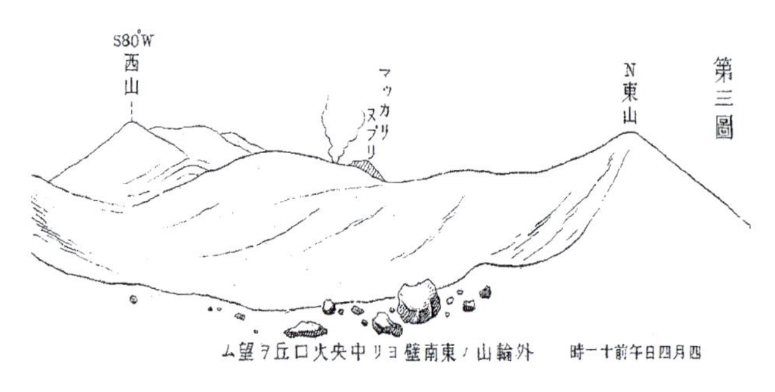

火砕丘火口縁の南東側から中央火口丘を見た図

図4-3 | 1909年4月4日の樽前山、山頂付近のようす
これらの図は、溶岩ドームが出現する直前の中央火口丘やその火口のようすを描いたものともみることができて、興味深い。
出典：参考文献[84]

キッとするものがあります。予期せず、これを見た報告者の驚がくは相当なものだったでしょう。

このときの溶岩ドームは、まんじゅう状の形で頂上には火口はなく、表面には霜柱のような突起が出ていて、酸化作用のため赤色で、無数の小隙から火山ガスが出ていました。また、亀裂も多く、ここから崩壊して、下部には崩れた岩塊が溜まっていました。特に大きな岩塊が崩れるときには、灼熱の断面が見えるとともに水蒸気もたくさん出たようです。この溶岩ドームは、深さ65mの中央火口丘の火口底を埋めて、さらに高さ134mもあることから、その体積（噴出量）は約2000万m^3と見積もられました。文献には、このときの溶岩ドームのようすが描かれています（**図4-4**）。

このような溶岩ドームですが、実は、これが現れて、かなりの大きさになるまで誰も目撃していませんでした。文献によれば、4月12日の噴火の後、17日午後の早い時間までは、山頂に何ら異変はなく、そして18日から22日までの間、悪天候で山頂付近は見えなかったのです。この後、上記の23日の発見になるわけですが、住民への聞き取り調査によって、19日の夕刻に雲間から突起物が見えたことが判明します。このため、報告者は、17日の夕刻から19日の夕刻までの間に溶岩ドームが出現したと結論づけました。あのような大きさの溶岩ドームですが、2日以内という短い時間でかなり成長し、しかも目撃者もいなかったということが興味深いですね。

報告者は、5月1日に再び山頂を訪れます。このとき、溶岩ドームの頂上は、より平坦になっていて、特に西

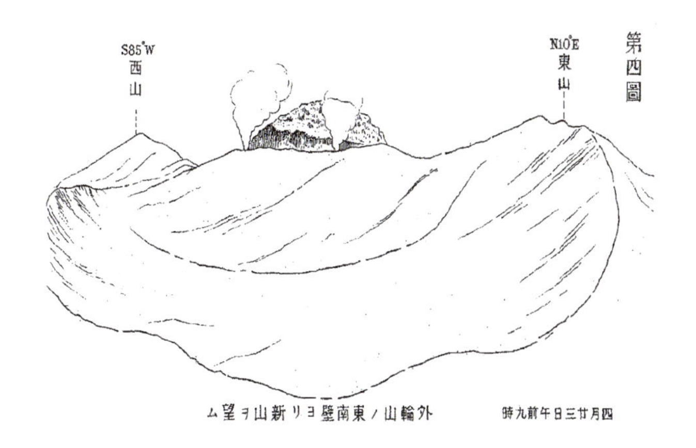

火砕丘火口縁の南東側から溶岩ドームと中央火口丘を見た図

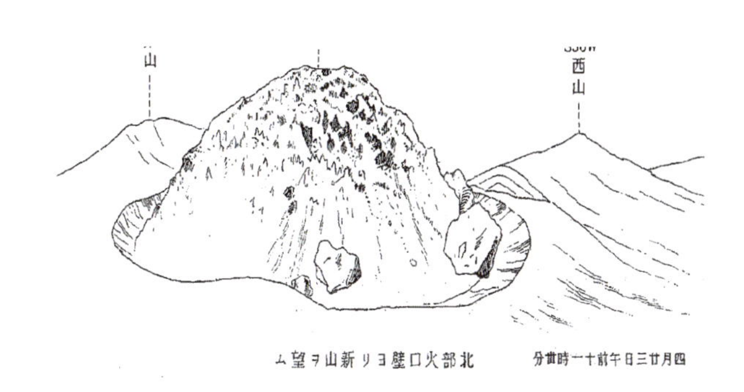

中央火口丘火口縁の北側から溶岩ドームを見た図

図4-4 | **4月23日の樽前山、山頂付近のようす**
これらの図から中央火口丘の火口を埋めるように溶岩ドームが出現したことがわかる。
出典：参考文献[84]

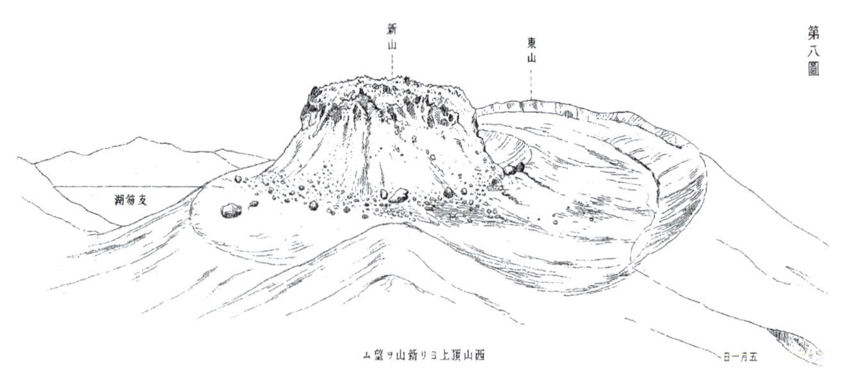

南西側（西山）から溶岩ドームを見た図

図4-5 | **5月1日の樽前山、山頂付近のようす**
現在見る溶岩ドーム（写真4-3a）にそこそこ近いものになっている。
出典：参考文献[84]

側では崩落が多くなっていました。この際の図も描かれています（**図4-5**）。写真4-3aとかなり似た感じになっていますね。この頃までには、溶岩ドームの成長も終わっていたようです。

▶溶岩ドームの断面の撮影に成功！

以上のように、溶岩ドームはまるで栓をするかのように中央火口丘の火口を塞いでしまいました。そして、溶岩ドームでは、火山ガスが噴出する小規模な爆発がときどき起こるなどして、現在に至っています。このような状態にありますので、樽前山は今後も、大規模なものも含めて噴火を警戒しなければならない火山となっています。本書刊行時点では、樽前山の火口内は立入が規制されており、通常は火口縁までしか近づくことはできません。

ところで、溶岩ドームで発生する小噴火により、現在ではドームにいくつかの穴、いってみれば小さな火口が見られます。**図4-6**は、地理院地図で溶岩ドーム付近の陰影起伏図を3Dにしたもので、南東方向のやや上方からの眺めです。この図から、溶岩ドームには複数の小さな火口が開いていることがわかるでしょう。この中で「D火口」と呼ばれる、細長いひょうたん型をしたものが目を引きます。D火口は、溶岩ドーム中心付近からその北東端まで延びているため、ここの（北東方向に延びた）火口壁には、溶岩ドームの断面がかなり出ているはずです。

以前、筆者は「樽前山溶岩ドーム調査登山会」に参加して、溶岩ドームの上へ登ったことがあります。このとき、D火口の南東側（図4-6では手前側）から、その

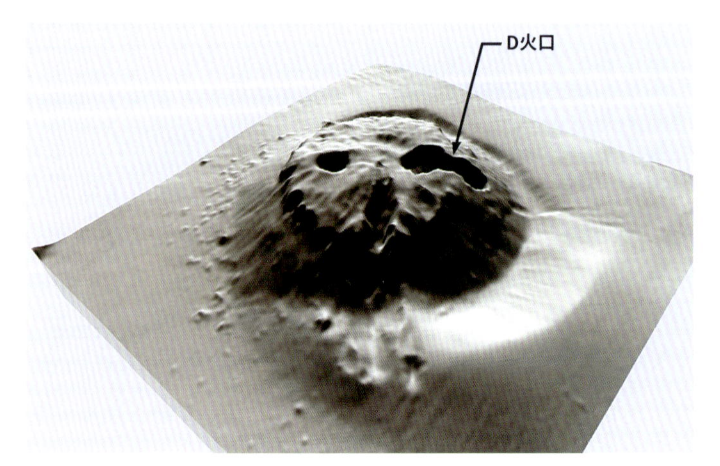

図4-6 | **南東方向から見た樽前山溶岩ドームの3D陰影起伏図**（高さ方向の強調なし）
図の右方向が北東、左方向が南西である。
地理院地図（https://maps.gsi.go.jp）で陰影起伏図を3D化したもの

写真4-4｜D火口の北西側の火口壁
溶岩ドームの断面と見られるものが露出している。

北西の火口壁を写したのが**写真4-4**です。写真の左側が溶岩ドームの中心近く、右側が端の方になります。また、**写真4-5a,b**は、それぞれ溶岩ドーム中心近くと端の方の拡大写真です。溶岩ドームの中心付近には、溶岩の大きな塊（写真4-5aでは明るいグレーの緻密な部分）があり、それを取り巻くように（幾重ものタマネギ状に）層状構造が発達し、そのような構造は溶岩ドームの端の方へ続いていきます。そして、溶岩ドームの端では、層状構造はドームの外側へ倒れ込むような方向（写真4-5bでは右上の方向）へ延びています。溶岩ドームの岩石が外側へ倒れ込んで押し出されたようにも見える層状構造です。この層状構造は、粘っこい溶岩の

a｜溶岩ドームの中心近く（写真4-4の左側付近）
写真の左側が溶岩ドームの中心付近であり、グレーの緻密な溶岩が見える。この部分を取り巻くように層状構造が発達している。

b｜溶岩ドームの端近く（写真4-4の右側付近）
写真左側では層状構造が延びる方向は垂直に近いが、写真の右半分では、それは写真右上へ向かっている。

写真4-5｜火口壁の拡大
いずれもD火口の火口壁である。

動きを反映してできたものとみられます。

以上の状態に基づいて、溶岩ドーム全体の断面を図解すれば、**図4-7**のようになるでしょう。溶岩ドーム中心付近の明るいグレーの緻密な部分は、ドーム形成の最終段階で地下から供給された溶岩塊とみられます。ここを取り囲むように、それ以前に溶岩が次々と供給されたことを示す層状構造の部分があります。そして、溶岩ドームは外側へ押し出されるようにして成長したため、端の方では写真4-5bで見られる層状構造になったと考えられます。

▶溶岩ドーム上の独特の景観

溶岩ドーム上の状況も紹介しておきましょう。まずは上記のD火口周辺のようすです。図4-6を見ると、D火口はいわば溶岩ドームに発達した“渓谷”のようなものにも見えます。実際、溶岩ドームの中心部付近からD火口を望むと、**写真4-6**のような、両側に火口壁がそそり立った“渓谷”の景観が広がっていて、思わずシャッターボタンを押してしまいました。

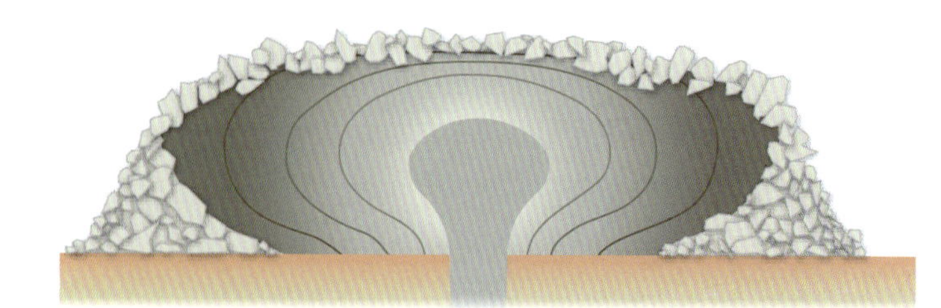

図4-7｜溶岩ドームの推定される断面
現地でのようすのほか、参考文献[78]、[79]やインターネット上の情報を参考にして描いたもの

写真4-6｜溶岩ドーム中心付近から望むD火口

両側に火口壁があり、渓谷のようになっている。

写真4-7｜D火口周辺のようす
D火口のすぐ南東側では、火山灰や火山礫が広がっている。

写真4-8｜溶岩ドーム上の溶岩
火口から離れたところでは火山灰などは少なく、高さのあるガサガサな溶岩が林立している。

D火口周辺、特にその南東側では、火口から噴出したとみられる火山灰や火山礫が広く積もっていて、溶岩の大きな岩塊はところどころに露出するくらいです（**写真4-7**）。その一方で、D火口やそのほかの火口からも離れたところでは、ガサガサで黒っぽく高さのある溶岩が林立しています（**写真4-8**）。これが参考文献[84]に表現されている「霜柱のような突起」だとみられます。

溶岩ドームの火口近くでは、噴気がしばしば見られ、昇華した硫黄で黄色くなっている部分もあります。このようなところでは硫黄の小さな結晶が集まっていて、何かの果実を連想させる色づきを見せてくれます（**写真4-9**）。

樽前山の溶岩ドームは、安山岩質マグマによる、まさに“もっちりした”美しい形状を示すものなのです。

写真4-9｜噴気から昇華した硫黄
写真の横幅は約5cm。

第5章

もっちりした溶岩
雲仙岳と有珠山

▶平成時代に噴火した火山、雲仙岳

前章で紹介した樽前山の溶岩ドームは、出現後ときどき小規模な爆発はあるものの、今のところその形状をほぼ保って鎮座しています。しかし、溶岩ドームの中には、出現後に、その姿をかなり変えながら成長したものもあります。

雲仙岳は、九州の島原半島に位置します（**図5-1**）。平成のはじめの頃、1990年から1996年にかけて、雲仙岳では噴火活動がありました。このときに噴出した溶岩は、デイサイトと呼ばれる岩石からなるものです。デイサイトは安山岩に比べて二酸化ケイ素（SiO_2）成分が多く、一般に、粘りけもより高いとされます（表1-1、24ページ）。ということで、この噴火でもマグマは山頂付近に溶岩ドームをつくりました。

まずは、現在の雲仙岳山頂付近のようすを確認しましょう。この山頂付近の地形はなかなか複雑です。このため、樽前山と同様、地理院地図で3D化した地形図を使って、山頂付近の状況を紹介します。

図5-2は雲仙岳山頂付近の3Dで、ほぼ南の方向（少々西寄り）から見たものです。この図の中央やや左にある普賢岳は、平成の噴火以前から雲仙を代表する山頂の1つとして知られてきました。図からわかるように、普賢岳の西側には、それを取り囲むように妙見岳、国見岳を含む高まりが壁のごとく連なっています。実はこの付近には、3万年〜2万年ほど前まで大きな

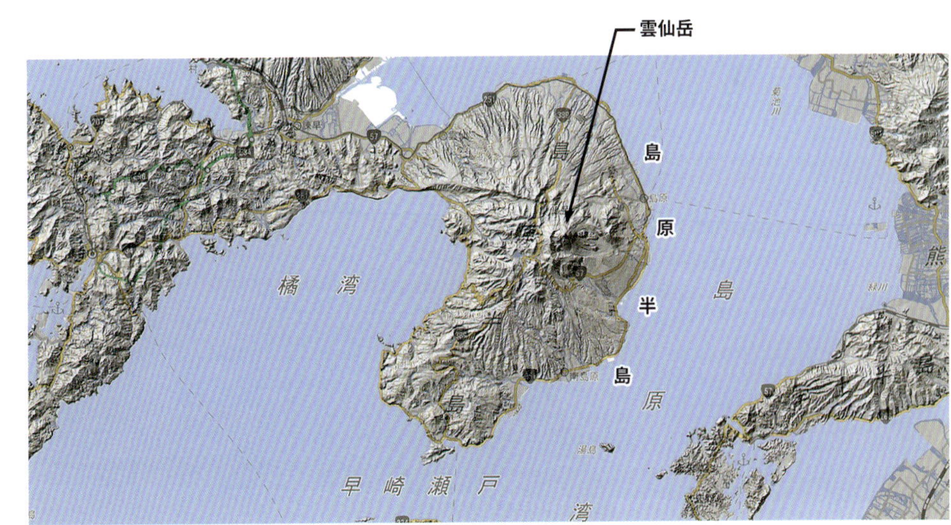

図5-1 島原半島と雲仙岳
地理院地図（https://maps.gsi.go.jp）で標準地図と陰影起伏図を合成して作成したもの

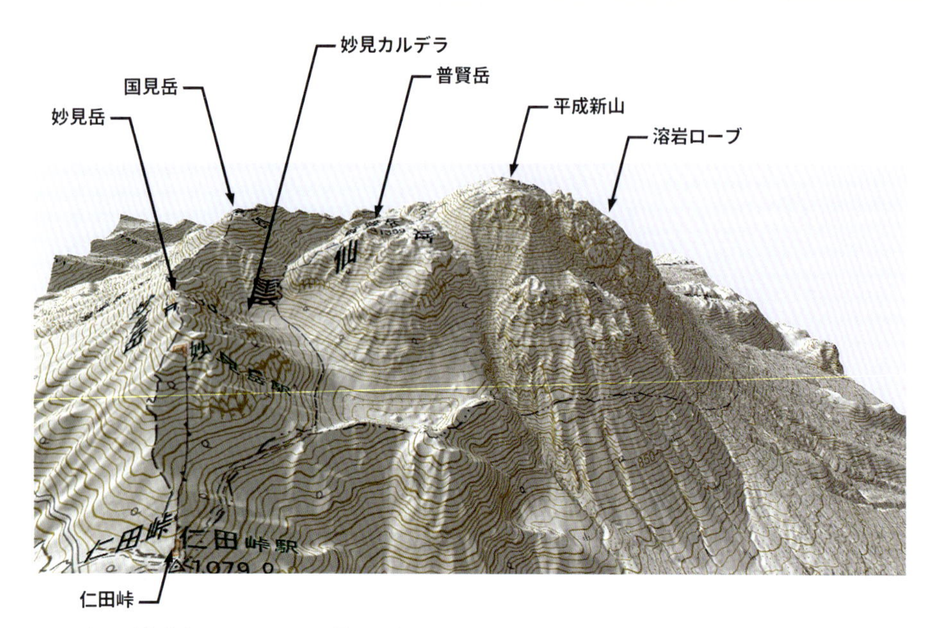

図5-2 | **ほぼ南方向**(少々西寄り)**から見た雲仙岳の3D地形図**(高さ方向の強調なし)
国見岳と普賢岳の間の距離は約520mである。
地理院地図（https://maps.gsi.go.jp）で標準地図と陰影起伏図を合成して3D化したもの

火山がありました。しかしこの火山は、山体がえぐられたかのように東側へ大きく崩れ落ちてしまい、その崩壊壁（崩落で生じた崖）の高いところとして残ったものが、今の妙見岳や国見岳なのです。雲仙周辺では、その後も噴火活動は続き、特にこの崩落でできた凹地の中には、相次いで溶岩ドームができることになりました。そして、この溶岩ドームの1つとして普賢岳があるのです。さらにいえば、平成の噴火も、一連の活動の1つと見ることができるでしょう。なお、図5-2で崩壊壁直下にある妙見カルデラは、崩落でできた凹地が、普賢岳などの生成によって狭くなったものです。

写真5-1 |
雲仙岳、溶岩ドームの3Dカラー航空写真(高さ方向の強調なし)
溶岩ドーム（図5-2の平成新山と溶岩ローブ）周辺について、カラー航空写真（2015年5月5日撮影）を3D化したものである。
地理院地図（https://maps.gsi.go.jp）でカラー空中写真を3D化したもの

a | 北から見た溶岩ドーム

▶平成の噴火で溶岩ドームはどうできたか

山頂付近に残っている平成の噴火の噴出物は、図5-2で示した「平成新山」の高まりと、その東にある「溶岩ローブ」と呼ばれるものからなります。雲仙では、この両者を併せて溶岩ドームと呼ぶようです。この溶岩ドームのようすは、地理院地図でカラー航空写真を3D化したものを見ると、よくわかるでしょう（**写真5-1a,b,c**）。

溶岩ローブは、地表へ舌状に押し出された溶岩のことをいいますが、ここではそれが複数回出て、山体東側の斜面に張りついた大きな“かさぶた”のように見えています。また、平成新山の高まりは、ガサガサした大きな溶岩塊が集まったもので“丘”のようになっています。このような溶岩ローブの“かさぶた”や溶岩塊の“丘”は、図5-2や写真5-1を見ても実感できるでしょう。

溶岩ローブは、この噴火においてマグマの供給量が多いときに、マグマがそのまま舌状に地上に押し出されることでできたとみられます。その一方で、マグマの供給量が少ないときには、マグマは地上に出る前に地下で固まり、のちにそれが押し上げられるとともに破砕し、多数の大きな岩塊となって地上に出て、平成新山の丘のような高まりをつくったと考えられます。

平成の噴火では、溶岩ローブの出現・成長と崩壊を繰り返し、また溶岩塊からなる平成新山の高まりもできて、現在のような状態になりました。

▶溶岩ドームの崩落と火砕流の発生を目撃

雲仙岳の噴火では、火砕流がとても大きな被害をも

b｜東から見た溶岩ドーム

c｜南から見た溶岩ドーム

写真5-2｜崩落する雲仙岳の溶岩ドーム
1994年2月3日、雲仙岳の南南西、仁田峠付近より撮影。

たらしました。この火砕流は、雲仙岳の山頂付近に出てきた溶岩ローブなどが崩れ落ちて発生したものです。平成の噴火では、約2億m^3の溶岩が噴出したと計算されていますが、そのうちの半分の1億m^3が火砕流や火山灰となって、崩落・飛散したとみられています。

1994年2月初旬のことになります。筆者が測量関係の業務でこの地を訪れた際、仁田峠（雲仙岳の南南西のところ、場所は図5-2参照）から、溶岩ドームの崩落と、その先での火砕流を目撃しました。**写真5-2**が崩落のようすです。崩落がはじまると、大きな大きな噴煙が立ち上がり空は一転して暗くなって、びっくりした記憶があります。この後、崩落物は雲仙岳の南東の谷を**写真5-3**のように幾重もの火砕流となって走っていきました。雲仙岳測候所発表の火山観測情報によると、このとき、噴煙は約2000m上がり、火砕流は南東方向へ約4kmも流下したとのことです。

▶洞爺湖近くにある有珠山の昭和新山

上述した雲仙岳の火山活動でできた溶岩ドームは平成新山と命名されましたが、北海道には「昭和新山」と名付けられた山があります。これもデイサイトの溶岩ドームです。

写真5-3｜南東の谷を流下する火砕流
撮影日、場所は写真5-2と同じ。

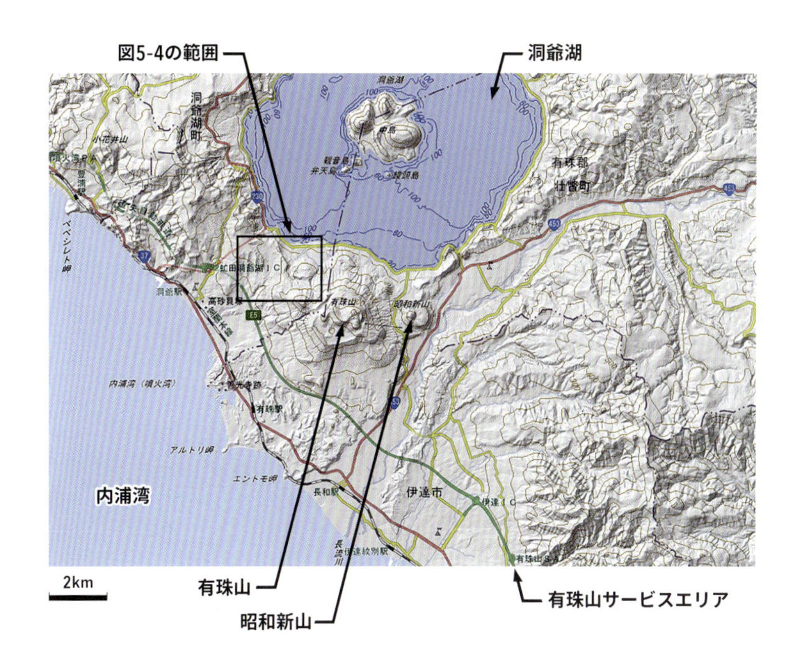

図5-3｜有珠山とその周辺
地理院地図（https://maps.gsi.go.jp）で標準地図と陰影起伏図を合成して作成したもの

昭和新山は、洞爺湖（洞爺カルデラ）の南にある有珠山の一部を構成するものです（**図5-3**）。有珠山は約2万年前〜1万年前に活動をはじめた火山で、最初の頃は玄武岩〜安山岩の溶岩などが噴出して山体をつくりました。8000年前〜7000年前に、山頂部は大きく崩壊し、その後活動を休止していたようです。しかし、17世紀後半の1663年（江戸時代、寛文3年）の噴火以降、活動を再開して、現在に至っています。1663年以降の火山活動は、デイサイト質マグマ〜流紋岩質マグマによるものであり、より爆発的で、そして溶岩ドームを形成するような噴火をしてきました。

現在の有珠山のようすは、道央自動車道の有珠山サービスエリアから望むとよくわかります（**写真5-4**）。山頂近くには大有珠や小有珠、有珠新山などの高まりが見え、それらを取り囲むように直径1.8kmほどの外輪山があります。外輪山の外側には、昭和新山や西山などが配されています。これらのうち、小有珠と大有珠は、17世紀後半から19世紀中頃にかけての江戸時代に起きた噴火でできたとみられています。いずれも、溶岩ドームです。この後、20世紀初頭の明治期にも活動があり、そして、昭和に入った1943-1945年に昭和新山をつくった噴火が起きます。

写真5-4｜有珠山サービスエリアから有珠山を望む

道央自動車道、有珠山サービスエリア（場所は図5-3参照）から有珠山方向を撮影したもの。下の付図は同サービスエリア方向から見た有珠山について、色別標高図の3Dで再現したもの。付図では、写真に比べて、植生で見えない細かな地形も確認できる。2000年の噴火地域は、付図で左に見える外輪山の向こう側（北側）にある。

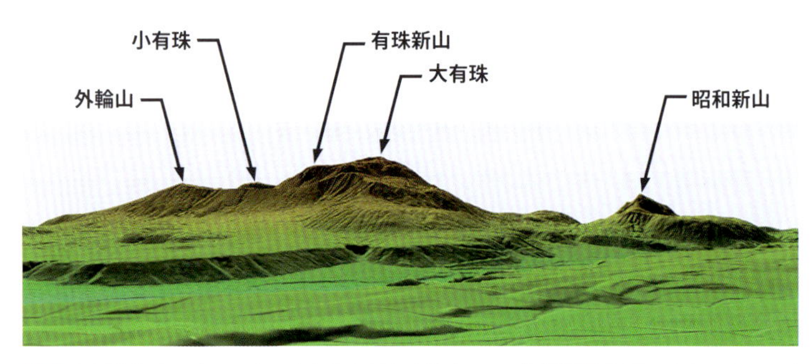

付図｜有珠山サービスエリア方向から見た有珠山の3D色別標高図（高さ方向の強調なし）
地理院地図（https://maps.gsi.go.jp）で色別標高図を3D化したもの

▶詳細に記録された昭和新山の成長

昭和新山は、有珠山の東山麓にある溶岩ドームです（**写真5-5a,b**）。溶岩はデイサイトであり、これはとてもねちっこく、ほとんど流動性がないため、地上に突き出た感じになっています。溶岩ドームの部分が赤褐色に見えるのは、溶岩の色ではなく、地下でマグマが上昇したときに周囲の土壌や地層が焼かれてレンガのようになって、ドームを覆っているためです。

さて、この溶岩ドーム、静かにニョキニョキと出てきたわけではありません。実はかなり激しい噴火活動があったのです。この活動は1943年の年末の地震からはじまります。そして、1944年6月くらいまでは地震はあったものの噴火はともなわないまま、地盤が大きく隆起しました（溶岩はまだ露出していません）。このときまでの隆起量は最大で50mくらいでした。

1944年6月下旬から、激しい水蒸気爆発がはじまり、周辺にかなりの火山灰を降らすことになります。それとともに家屋などへの被害も出ました。噴火と同時に隆起も続き、地面は屋根型（ドーム状）に100m以上も盛り上がってしまいました。もちろん、地下でのマグマの活動によって、盛り上がったと考えられます。このときもまだ溶岩自体は地表に露出していませんでした。このように地下にマグマを閉じ込めたまま地表がドーム状に盛り上がったものを「潜在ドーム」とか「潜在円頂丘」といいます。

1944年11月中旬になると、屋根型の盛り上がり（潜在ドーム）の中央付近から、ついにピラミッド状の溶岩が現れ、現在見られるような溶岩ドームへと成長していくことになります（写真5-5b）。そして、1945年9月には、この成長も終わり、溶岩ドームの標高は406.9mとなりました。なお、一連の活動のようすは、当時の壮瞥郵便局長であった三松正夫氏により詳細に記録され、世界的に評価されています。

a｜昭和新山の南西麓（有珠山ロープウェイの昭和新山駅近く）から望む
緑の植生の中、赤茶けた溶岩ドームが異彩を放っている。

b｜昭和新山の西側（有珠山ロープウェイの有珠山頂駅近く）から望む
溶岩ドーム（写真では赤茶けた突起）が屋根型の盛り上がり（写真では植生のある台状のところ）から突き出していることがよくわかる。溶岩ドームからの噴気も見える。

写真5-5｜昭和新山

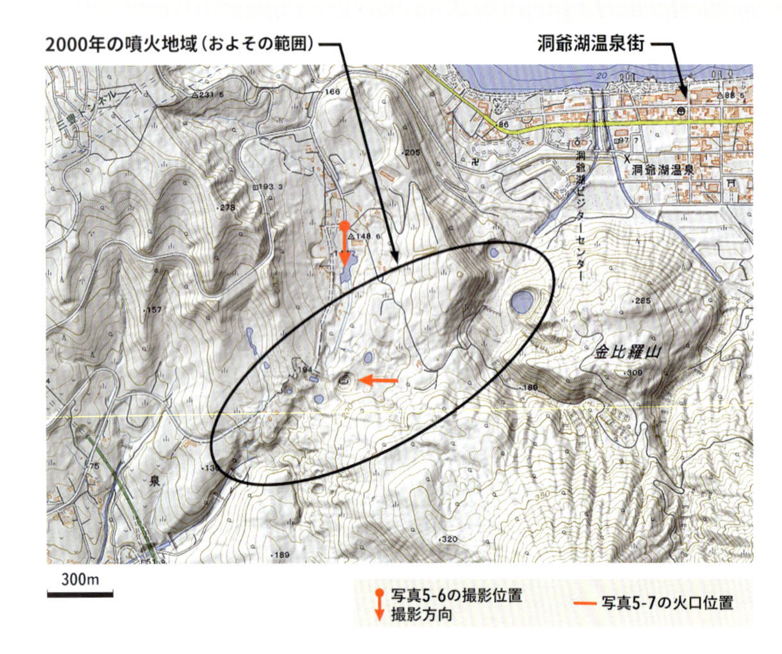

図5-4　**2000年の噴火地域**（有珠山の北西側、洞爺湖温泉街の南西付近）

この地域の範囲は図5-3を参照。地図には写真5-6の撮影位置（赤丸）とその方向（赤矢印）を記入した。また、写真5-7の火口位置も赤矢印で示してある。

地理院地図（https://maps.gsi.go.jp）で標準地図と陰影起伏図を合成して作成したもの

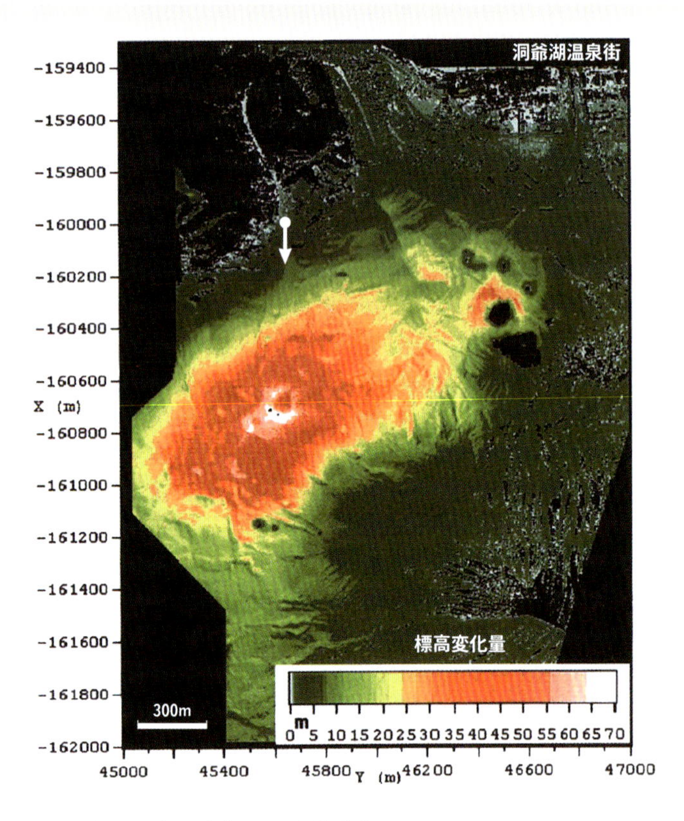

図5-5　**2000年の噴火による標高変化**

2000年3月31日（噴火直前）と4月26日（噴火後）の航空レーザ測量による計測結果から算出された隆起量である。最大で60m以上の隆起が見られ、高まりの形状は細長い楕円形をしている。図の右上、ぎりぎりのところが洞爺湖温泉街であり、写真5-6の撮影位置（白丸）とその方向（白矢印）も記入してある。

参考文献[107]、原データ：旧建設省土木研究所によるもの

▶2000年の噴火活動で60m以上も隆起

この後、有珠山は1977年から1978年にかけて、噴煙を高く上げ、かなりの降灰をともなった噴火をします。このときに、外輪山の内側、大有珠と小有珠の間が大きく盛り上がって、有珠新山が形成されました（写真5-4）。有珠新山の盛り上がりは、潜在ドームによるものとみられています。

そして、2000年3月末のことです。有珠山周辺で地震活動が活発化し、ついには有珠山の北西側（洞爺湖温泉街の南西付近、**図5-4**）で噴火して噴煙を上げました。その直後から、この周辺で新たな火口が開いたり、著しい隆起にともなう断層や亀裂が多数走ったりしました。このような変動（隆起）の状況は、噴火直前と噴火約1ヶ月後に実施された航空レーザ測量により明確に捉えられました。盛り上がりの形状は、長細い楕円形で、4月終わり頃の時点で最大60m以上も隆起していたのです（**図5-5**）。この隆起は潜在ドームによるも

のと考えられています。なお、航空レーザ測量については「あとがきにかえて(172ページ)」で解説しました。

写真5-6をご覧ください。洞爺湖温泉街の西の端から海(内浦湾)の方へ延びていた、かつての国道230号を写したものです。図5-4や図5-5に示した地点から南を向いて写しました。噴火前、国道は海岸に向けて徐々に下っていました。しかし、潜在ドームによる隆起で、この写真のように道路は上り坂(現在は通行不可)になり、そして手前には行き場を失った地下水や表流水が溜まって大きな池をつくってしまいました。

今ではこの付近に散策路が整備され、写真5-6の撮影地点から南へ、つまり潜在ドームの方へ歩いて行けます。**写真5-7**は、潜在ドームの頂上付近にある火口です(図5-4の赤矢印)。散策路をさらに南へ進むと、この噴火で被災した建物や構造物を見学することができます。

写真5-6 | **隆起したことで上り坂になった道路とせき止めでできた池**
撮影位置とその方向は、図5-4と図5-5に記入してある。

写真5-7 |
2000年の噴火でできた火口
図5-4で、赤矢印で示した円形の火口である。図5-5では60m以上の隆起とされる領域(小さな白っぽい白い円形を描いているところ)に相当する。

第6章 地上に出た潜在ドーム
礼文島、桃岩

▶礼文島にある小山のような岩、桃岩

第5章で登場した潜在ドームの中身は、いったいどのようになっているのでしょうか。つまり、ドームの形や大きさ、その中の岩石のようすを知りたいところです。潜在ドームは地下にあるので、これはなかなか難しい問いかけです……が、ここに1つの答えがあります。

話の舞台は、ずっと北にある島に飛びます。「日本最北端の地の碑」で有名な北海道稚内市。その西方の沖合約60kmに礼文島があります（**図6-1**）。この島に紹介したいものが露出しているのです。

稚内港から礼文島へのフェリーは島の南部、東海岸にある香深（かふか）港に着きます。この港から北に歩いて、ちょっとした街中へ入り、そして左に折れて西海岸へ続く道路を上がりましょう。曲がりくねった上り坂を進むと、やがて眼前に、奇妙な形の頂を持つ小山が見えてきます（**写真6-1**）。「桃岩（ももいわ）」です。道路は桃岩の手前で峠越えのトンネル（桃岩トンネル）に入ります。こ

図6-1｜礼文島とその周辺
地理院地図（https://maps.gsi.go.jp）で標準地図と陰影起伏図を合成して作成したもの

写真6-1｜東側から見る桃岩
写真中央の下方に桃岩トンネルの入口が見える。

写真6-2｜
トンネルを抜けて目に飛び込んだ桃岩
桃岩は大きな岩体であり、何かしらの内部構造が認められる。

れを抜けると明るい視界が一気に開けて、島の西に広がる海が望めるようになります。と同時に桃岩を見ようと横を向くと、巨大な岩肌に圧倒されます(**写真6-2**)。そして、桃岩は山ではなく字のごとく岩であることも実感できます。

▶地上に露出し断面も見える潜在ドーム

トンネルを抜けた道路は、桃岩から海岸に向かって広がる緩斜面をゆるゆると下っていきます。途中、桃岩を真正面かつ間近で見ることになります。

写真6-3aはそのような場所で桃岩を撮影したもの

です。また、より全体がわかるようにもう少し離れたところから撮ると、写真6-3bのようになります。桃岩は幅200m〜300m、高さ約190mの、ドーム状の大きな岩体です。岩石はデイサイトとされています。岩体の西側、すなわち写真6-3a,b側では侵食が進んでいて、中心部にかなり近いところを通る断面が見えています。これらの写真を見ると、岩体の中心に近いところでは、中心から放射状に発達した柱状節理（五角形や六角形状のもの）の横断面がハチノス状に見えています。また、そのまわり（外側）は、層状構造が発達した部分によって取り囲まれています。この部分は結晶質とガラス質の層が幾重にも重なっているとされています。ということで、桃岩はかなり複雑な構造をしています。

実はこれこそが、マグマが堆積物中へ貫入してできた潜在ドームであり、それが地上に現れたものと考えられているのです。桃岩の層状構造は、マグマの流動がどのように進んだかと関係しているのかもしれませ

写真6-3｜西側正面からの桃岩

a｜間近からの桃岩

b｜離れて望む桃岩

んね。また、貫入時に、水分を含んだ泥とマグマが接触したために、桃岩外縁の岩石は角礫状になっているようです。

▶桃岩はいつごろできたのか

これまでの調査から、新第三紀の中新世の中頃（約1300万年前）に、泥や砂の堆積する海底下へマグマが貫入して潜在ドームをつくり、後の時代になってそれが隆起し、さらに侵食を受けて、今見られる桃岩になったと推定されています。

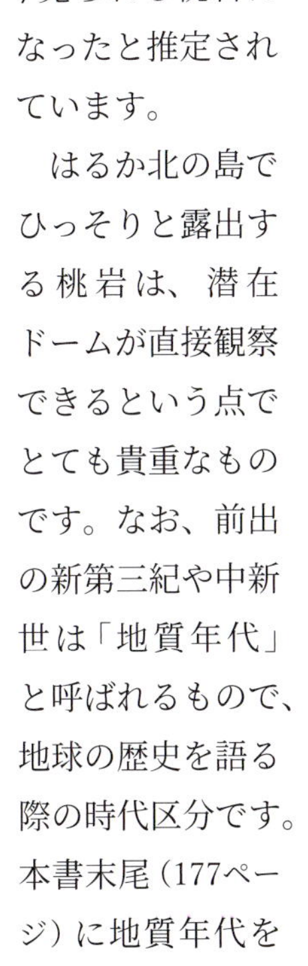

はるか北の島でひっそりと露出する桃岩は、潜在ドームが直接観察できるという点でとても貴重なものです。なお、前出の新第三紀や中新世は「地質年代」と呼ばれるもので、地球の歴史を語る際の時代区分です。本書末尾（177ページ）に地質年代を表として整理しました。後続の章では、このような地質年代がときどき出てきますので、適宜参照してください。また、拙著になりますが、参考文献[18]では、地質年代について詳しく説明しています。

写真6-4｜**桃の種**

▶桃の種

さて、件の道路を下り、海岸沿いに歩いていたとき、地元の方に出会いました。あいさつしつつ、桃岩を話題にすると、おもしろいことを教えてくれました。桃岩には“桃の種”があるというのです。どうやら種とは、桃岩の中心付近にある、あのハチの巣様の部分をいっているようでした（**写真6-4**）。なかなか絶妙な例えですね。

なお、筆者が上記のルートで見学した何年か後に、新桃岩トンネルなるものができて、桃岩トンネルとそこから西に延びる道路の一部区間は廃止されてしまったようです。

第7章 白い溶岩・黒い溶岩
神津島と白滝

▶流紋岩の溶岩を出す火山、神津島

これまで安山岩やデイサイトの溶岩ドームを紹介してきました。では、流紋岩の溶岩はどのようなものでしょうか。実は、現在の日本列島では流紋岩質マグマの火山は、あまり多くありません。それに加えて、このマグマはとても粘っこいため、内部で溜まった火山ガスの圧力がとても高くなって、溶岩を出すというよりも、爆発を起こして火砕流や大量の火山灰を噴出するような噴火をしがちです。ということで、流紋岩の溶岩がまとまった形で見られる火山は限られますが、それでもいくつかは知られています。

流紋岩の溶岩を出す代表的な火山として、伊豆諸島の神津島（こうづ）があります。第1章で紹介した伊豆大島、この南南西60kmくらいのところにある島です（**図7-1**）。実は、ここには流紋岩の溶岩ドームと火砕丘などで構成される火山が数多くあります。これらはしばしば流紋岩の単成火山群と呼ばれたりします。「単成火山」とは1回きりの噴火でできた単一の火山のことです。神津島の噴火史はまだよくわかっていませんが、数万年前くらいから、流紋岩の単成火山群を形成する活動が続いてきたとみられています。

▶大噴火でできた神津島の溶岩ドーム

神津島での、このような一連の活動のうちで、最近のものは838年（平安時代、承和5年）の天上山（てんじょうさん）を形成した噴火です。天上山は、神津島でそこそこ大きな部分を占め、島の最高地点（572m）もここにあります。地理院地図でカラー航空写真を3D化して、天上山を

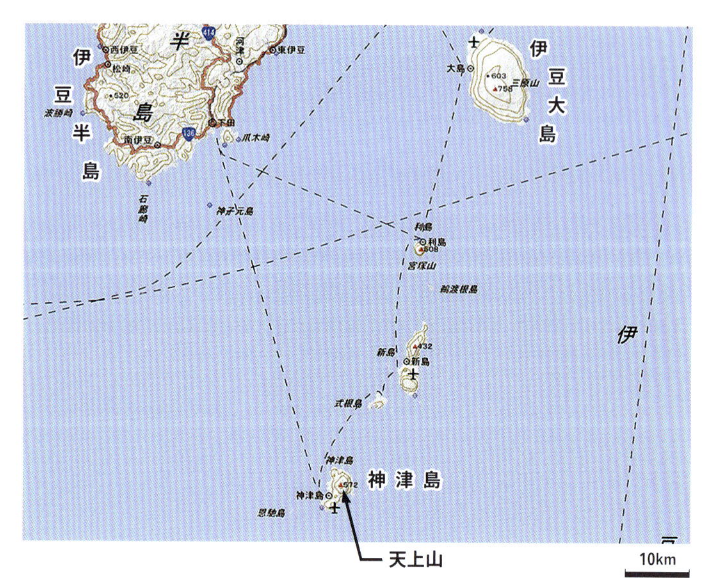

図7-1 | **神津島とその周辺**
地理院地図（https://maps.gsi.go.jp）で標準地図と陰影起伏図を合成して作成したもの

写真7-1｜**南東方向から見た天上山の3Dカラー航空写真（高さ方向の強調なし）**

神津島の天上山周辺について、カラー航空写真（2013年1月31日撮影）を3D化したものである。中央にある、平らな頂で白っぽい岩肌が見える山が天上山。海岸に沿って、天上山の白っぽい山体が1kmあまり続く。写真の左端が三浦漁港。

地理院地図（https://maps.gsi.go.jp）でカラー空中写真を3D化したもの

見ると、その山体はプリンのような姿をしています（**写真7-1**）。崩れた岩肌から、山をつくる岩石はかなり白っぽいこともわかります。これは、ここの流紋岩がかなり白色に近いためです。

写真7-1で見た天上山は、山体全体が流紋岩の溶岩ドームのように感じるかもしれませんが、実は違います。**図7-2**は天上山とその周辺の地質図を3Dにしたものです。この図から、天上山の一番下には火砕流の堆積物、この上に火砕丘、そして最上部に溶岩ドームがのっていることがわかります。このような状況から、天上山の噴火では、まずは火砕流などが発生し、その後、火口から火山灰や軽石などの噴出で火砕丘をつくり、最後に流紋岩の溶岩ドームが出現し

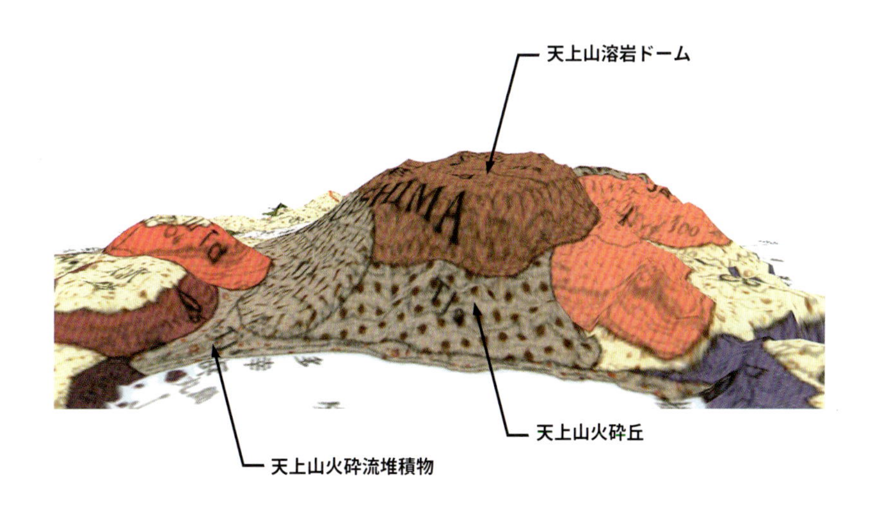

図7-2｜**南東方向から見た天上山の3D地質図（高さ方向の強調1.2倍）**

地理院地図（https://maps.gsi.go.jp）で参考文献[123]の地質図を3D化したもの

写真7-2｜**伊豆大島の白い火山灰層**

伊豆大島の火山由来の噴出物は、玄武岩質であるため黒っぽい色をしている。そのような中で、神津島天上山の噴火によるとみられる白い火山灰層は目立つ。白い火山灰層の厚さは1cm弱である。

たとみられます。火砕流の流出や火砕丘の形成から、このときの噴火はかなり激しいものだったと考えられます。古文書には、この噴火の降灰が近畿から関東地方の広い範囲であったと記され、実際、このときのものとみられる白い火山灰層が伊豆大島などの伊豆諸島、伊豆半島、静岡市付近で確認されています（**写真7-2**）。

▶流紋岩質マグマからできた黒曜石の露頭

神津島のもののように、流紋岩は一般的には白っぽいです。しかし、化学組成が流紋岩（場合によってはデイサイト）とほぼ同じ溶岩でも、白っぽくないものもあります。

ここは北海道旭川市の東60kmあまりのところにある遠軽町白滝です（**図7-3**）。その北方には、その名も流紋沢川という沢が北から南へと流れています。その沢を登っていくと、**写真7-3**の露頭を見ることができます。専門家の間ではこの露頭は、流紋岩質マグマの噴出でできた溶岩の断面が見られることで有名で、「八号沢露頭」

図7-3｜**遠軽町白滝とその周辺**

地理院地図（https://maps.gsi.go.jp）で標準地図と陰影起伏図を合成して作成したもの

写真7-3｜八号沢露頭
黒曜石をまとった流紋岩の溶岩が露出している。この露頭では溶岩の断面を見ることができる。

と呼ばれています。特にこの露頭は、流れ出した溶岩の先端部分であり、溶岩の内部とそれを取り囲む外縁部の構造がよくわかるとされています。

八号沢露頭の説明をしましょう。写真7-3の左半分～下部が溶岩の外側付近（特に左下がより外側の部分）、逆に右上が溶岩のより内側になります。そして、ここで主役となる岩石は、露頭の左半分～下部、つまり溶岩の外側の方に見られるもので、それは「黒曜石」です。

この岩石名は正式には「黒曜岩」となりますが、ここでは通りのよい黒曜石と呼びましょう。黒曜石は、流紋岩やデイサイトとほとんど同じ化学組成を持つガラス質の岩石で、マグマが固まってできたものです。ガラス質ですので、鉱物の結晶はほとんど含まれていません。表面にガラス光沢があり、通常は黒っぽい色を呈し、見た目がとても特徴的です。また、鋭利に割れるため、石器時代には矢じりなどの材料として重宝されました。

八号沢露頭の各部分の特徴を見てみましょう。まずは露頭の左下、写真7-3に写っている人物のすぐ上あたりです。ここは溶岩の、より外側部分で、かなり緻密な黒曜石があり、**写真7-4**のようになっています。

写真7-4｜**八号沢露頭の緻密な黒曜石**
発泡した部分のない緻密な黒曜石である。

a｜**緻密な部分と発泡した部分が縞状に重なった黒曜石**
発泡した跡の大きさは数mmから1cm程度。細かな粒（球顆）も見られる。

b｜**細かな粒（球顆）が直線状に連なった黒曜石**
白っぽい細かな粒（球顆）の大きさは1～2mm程度。

写真7-5｜**八号沢露頭の独特な様相の黒曜石**

写真7-6
八号沢露頭の流紋岩
写真7-3の右上の部分である。

この部分より溶岩の内側へいくと、**写真7-5a,b**のように、黒曜石の緻密なものと発泡したものが縞状に重なった箇所や、大きさ1〜2mmの細かな白っぽい粒が直線状に連なった黒曜石のある箇所もあり、独特の様相を呈するようになります（白っぽい粒は「球顆（きゅうか）」と呼ばれます）。

そして、見えている範囲で溶岩の一番内側の箇所、すなわち写真7-3の右上には流紋岩が露出しています。**写真7-6**は流紋岩の部分です。この写真でははっきりしませんが、ここの流紋岩は灰白色を呈しています。

実は、この地域の流紋岩と黒曜石はほぼ同じ化学組成を有しています。しかし、両者の色合いはまったく異なりますね。つまり、流紋岩と同様の化学組成の溶岩が必ずしも白っぽいとは限らないのです。

▶黒曜石のでき方にはまだ謎がある

これまでの調査から、この地域では溶岩は、外側から内側へ、緻密な黒曜石、発泡した部分もある黒曜石、流紋岩という構造を持つことがわかっています（参考文献[119]）。このような構造は溶岩の冷却過程の違い、つまり外側ほど急速に冷えたことを反映しているとみられます。しかし、詳しく検討すると、冷却の速さの違いだけで黒曜石と流紋岩の差が生じたとはいえないようです。そして、この問題を考えるには、マグマの発泡やガス抜けの影響なども考慮する必要があるとみられています。

黒曜石は、実はまだよくわかっていないことがある岩石なのです。黒曜石には結晶がほとんど含まれません。結晶をあまり出さないでマグマが固化するには、まずは急冷されることが必要でしょう。しかし、世界各地での黒曜石の産出状況を見ると、例えば溶岩の中央部に黒曜石が発達する場合もあり、急冷だけではうまく説明できないものもあります。この問題の解決には基本的なところに立ち返って、とても粘っこいマグマにおいて黒曜石をつくる冷却の条件とはどのようなものなのかなどについて、具体的に解明する必要があるようです。ということで、黒曜石にまつわる謎に関しては、今後の調査研究の進展に期待しましょう。

ちなみに流紋岩の島、神津島でも黒曜石は産します。天上山の東、砂糠山（さぬかやま）や砂糠崎（さぬかざき）周辺などで見られます。

▶球顆が密集する場所「球顆の沢」

さて、話は先ほどちらっと触れた球顆のことです。これは、流紋岩や黒曜石といった岩石中に見られる、一般に直径が数cm以下の球状、楕円体状のものをいい、微細な結晶（石英成分の鉱物など）の放射状集合体からなっています。

写真7-5の球顆はとても小さなものですが、八号沢露頭の近くではより大きな球顆が、しかも密集しているところがあります。その名もズバリ、球顆の沢。**写真7-7**がその沢で見られた球顆です。黒曜石中に明るいグレーの球顆がゴロゴロ入っていますね。その大きさは2〜3cmはあります。

球顆の沢は狭いので、岩肌は限定的にしか

写真7-7｜球顆の沢の球顆
球顆は黒曜石中に入っている。球顆の大きさは2〜3cm。

見えませんが、もし広い露頭ならば壮観な景色が広がっていたでしょう。

▶黒曜石と流紋岩の噴出のあらまし

この黒曜石が見られる溶岩は、かなり古い時代に噴出したものです。新第三紀の鮮新世末から第四紀更新世のはじめ（およそ300万年前〜200万年前）、この地域ではカルデラを形成するような大きな噴火とそれに引き続く火山活動がありました。

このカルデラの形成後、その中やカルデラ壁上に、黒曜石をまとった流紋岩の溶岩が多数の箇所から噴出しました。これらはそれぞれ独立した火山、つまり単成火山で、10個ほどが識別できるそうです。八号沢露頭の溶岩もその1つとされています。ここの黒曜石の年代を測定すると、約220万年前になりました。これらの噴火以降、ここでは火山活動は起こっていないようです。

もっと知ろう3　マグマのでき方

▶多くのマグマはマントル上部でできる

マグマは、地下深部の岩石が溶けることでできます。地下深部といっても、いろいろな深さが想定されますが、多くの場合、岩石が溶けるのは地殻の下に位置するマントルの上部とみられています。地殻とマントルとでは、そこを伝わる地震波の速度が異なり、マントル内の方が急に速くなります。この原因は、構成している物質（岩石）が異なるためです。マントル上部は、地表ではあまり見られない、かんらん岩という岩石からなるとされます。かんらん岩は、かんらん石や輝石などの鉱物からなる岩石です（写真1-22、27ページ）。一方、地殻の下部は、化学組成が玄武岩に近い岩石（斑れい岩などの玄武岩質の岩石）からなるとみられています。ここではマントル上部に注目していきましょう。

▶「溶ける」を氷-水の場合で考える

これまで述べてきたようにマグマは岩石が溶けることでできます。実は、「溶ける」ということは案外複雑な現象です。この説明のため、まずは一番イメージしやすい、温度の上昇によってものが溶ける場合を考えましょう。また話を単純にするため、温度の上昇で水（氷）が溶けることを見てみます。

水は、H_2Oという単純な化学組成を持ちます。純粋なH_2Oが1気圧で、マイナスの温度であれば、その状態は氷です。ここに熱を少しずつ与えて温度を徐々に上げるとしましょう。すると、固体である氷は、0℃という一定の温度になると溶けはじめて、液体（水）と共存するようになります。このとき、氷と水の比率が変化せず安定的に共存していれば、固体から液体、液体から固体への状態変化がちょうどつり合った状況になっています。いわゆる平衡状態ですね。この0℃の平衡状態で、さらに熱を少しずつ与えると、固体（氷）はやがて全部溶けて液体（水）になり、そして温度も再び上がります。ということで、氷は一定の温度（1気圧なら0℃）で溶けるのです。

▶岩石は溶けやすい成分が優先的に溶ける

その一方で、マントル上部をつくる岩石（かんらん岩）は、水よりもはるかに複雑な化学組成を持っています。このため、水のようにある一定の温度ですべて溶けるということはありません。実は、溶けはじめの温度からある範囲での温度上昇を経て、やっと全部溶けるのです。このあたりを簡単に説明すれば、次のようになるでしょう[*1]。

熱の流入により温度が徐々に上昇していくと、やがて岩石は溶けはじめます。このとき、岩石の成分のうちで、低温で溶けやすい成分（元素）がまずは優先的に液体（マグマ）になります[*2]。溶けやすい成分とは固体よりも液体に入りやすい元素のことです。もしここで温度の上昇が止まってしまえば（熱の流入がなければ）、岩石はもうこれ以上溶けないでしょう[*3]。そして、この時点で、溶けやすい一部の成分が液体になって固体部分から出ていってしまったために、残された岩石（固体部分）の組成は、はじめのものから少し変化しており、組成変化後の岩石は溶けはじめる温度が少しだけ高くなっています。つまり、岩石は少しだけ融点の高いものになっているのです。

ここに、さらなる熱の流入があって、温度がもう少し上がれば、融点がちょっと高くなったこの岩石も少し溶けるでしょうし、液体部分と共存している岩石の組成も液体の組成ももう少し変わります。同時に、岩石の量は少し減り、液体の量はちょっと増えます。もちろん、組成の変化したこの岩石の融点は、さらに少しだけ高くなっています。

ちなみに、このように、岩石の一部が溶けて、その液体（マグマ）と残りの岩石（固体）が共存している状態は、専門的には「部分溶融」と呼ばれます。

さて、このような感じで熱が流入し続けて、温度が少しずつ上がっていくと、岩石とマグマは互いに組成を変化させながら（両者は反応しながら）、だんだんマグマの量が増えていき、最後は全部溶けてしまうでしょう（実際には、現在の地球のマントル内の温度・圧力ではすべてが溶けきることはないと思われます）。もちろん、全部溶けてできたマグマの組成は、はじめにあった岩石のそれと同じになります。ちなみに水の場合、固体も液体もその組成をH_2O以外に変化させることができないので、一定の温度で全部溶けることになります。

*1 わかりやすくするため、岩石の溶融を温度上昇のみで考え、圧力や揮発性成分などによる影響はひとまずないものとします。また、生成した液体の上昇・分離などという物質の移動

はなく平衡状態が保たれながら、ごく少しずつ進行する溶融（平衡溶融）で考えます。

★2 この際、溶けにくい成分も液体になりますが、溶けやすい成分の方が優先的に液体に入ります。つまり、溶けやすい成分の濃度が高い液体ができるのです。

★3 このとき、平衡状態にあるので、岩石（固体）と液体との間では、岩石から液体、液体から岩石への状態変化がつり合った状況になっています。つまり、岩石と液体が安定的に共存しているのです。

▶溶けやすい成分がマグマになり上昇

ところで、このようにしてマントル上部の岩石（かんらん岩）が溶けていくとき、岩石の方に残りやすい成分（元素）は、何でしょうか。岩石の方に残りやすいとは、岩石の方に入りやすいともいえます。

実は、その代表的なものに、MgO（元素でいえばマグネシウム）があるのです。逆にNa_2OやK_2Oといったアルカリ成分（NaやKは「アルカリ金属」と呼ばれる元素）は、マグマ（液体）の方に入りやすいとされています。このため、マントルでかんらん岩のごく一部だけが部分溶融した場合には、アルカリ成分が優先的にマグマの方に入るため、アルカリ成分の多いマグマができるようです*。

さて、マントルの温度は、岩石（かんらん岩）が全部溶けるほど高くはありません。それどころか、後述のように、マントルはかなりの部分で固体のままとみられます。それでも、もしマントル上部で、ある程度の部分溶融によってマグマができる場合、かんらん岩の溶けやすい成分がより多めにマグマに入り、やがてそれは溶けた場所から分離・上昇していきます。このようなマグマの成分は、玄武岩質であることが多いようです。つまり、マントル上部の岩石である、かんらん岩の一部が溶けたときにできるマグマは、かんらん岩質ではなく、玄武岩質マグマなのです。このとき、玄武岩質マグマのMgO成分の割合は、元のかんらん岩のものよりも少ないでしょう。逆に、玄武岩質マグマが溶け出た後のかんらん岩は、MgO成分により富んだものになります。

* アルカリ成分の多いマグマの成因は、いろいろと考えられており、ここで記したごく少量の部分溶融はその可能性（要因）の1つです。

▶圧力が高いと溶けづらいことも考える

地下で岩石（かんらん岩）が溶けることをもう少し考えましょう。地下深部になるにしたがって、温度が高くなるだけではなく圧力も高くなっていきます。

圧力の効果を考えるために、岩石の構成鉱物の微視的な、つまり原子レベルでの挙動を見てみましょう。固体（結晶）のときには、原子は結合し規則正しく並んでいます。一方、温度上昇によって液体になれば、この並びが崩れ、部分的に結合が切れた状態になります。これは熱が与えられて温度が上がると、各原子の振動が激しくなるためです。

その一方で、岩石にかかる圧力が高くなれば、原子は強く押さえつけられます。このため、原子は結合して規則正しく並んだ状態を保持する傾向が強くなるでしょう。つまり、圧力が高くなれば、一般に岩石が溶けはじめる温度はより高くなります。

前述のごとく、温度が上昇して岩石が溶ける場合、溶けはじめから溶けきるまでに温度幅があります（つまり部分溶融の状態があります）。そして、圧力が高まれば溶け出す温度は高くなります。このようなことを考慮して、地下での岩石（かんらん岩）の状態を大まかにグラフで表せば、**図7-4**のようになるでしょう。グラフの横軸が温度、縦軸は圧力（深さ）です。この図の中に、地下での温度と圧力の上がり具合も示せば、破線のようになります（これもおおよそのものです）。そして、地下の温度と圧力が破線のような状況にあると、

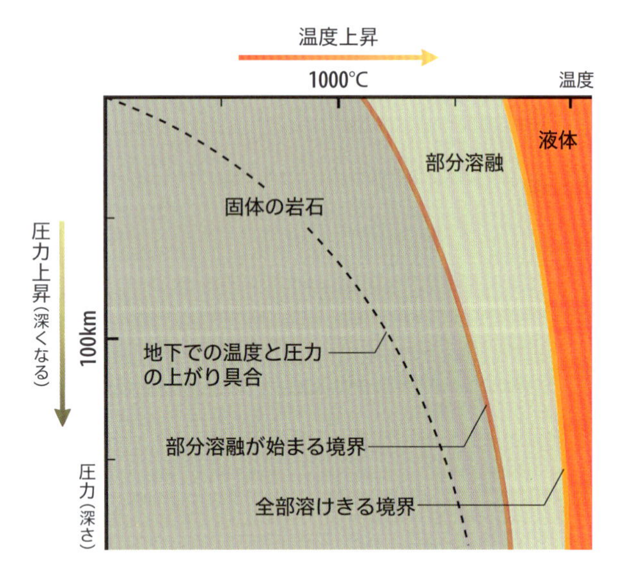

図7-4 **岩石（かんらん岩）の溶融と地下の温度・圧力**

通常の地下における温度と圧力の上がり具合（図中の破線）では、かんらん岩が部分溶融する領域までは達しない。なお、かんらん岩が溶けはじめる温度とすべて溶けきる温度の幅（部分溶融の温度幅）は、一般に数百度くらいとされる。

参考文献[40]、[70]などやインターネット上の情報も参考にして作成したもの

岩石は部分溶融の状態に達せず、マグマは生じません。したがって、地下（地殻やマントル）全体にいつもたくさんのマグマがあって、どろどろしているわけではないのです。地下で、それなりの量のマグマが生じるのは、実は、ある特別な場合になったときとされています。次に、そのような条件を見ていきましょう。

▶水が加わると岩石は溶けやすくなる

図7-5をご覧ください。これは図7-4と同様に、地下での温度と圧力の状態を示したものです（ちょっと簡略化してありますが）。このグラフで、地下深くにある岩石（かんらん岩）が、例えば点Pの温度と圧力の状態にあると考えましょう。点Pは、部分溶融がはじまる境界の左側、つまり固体の領域にあるので、この岩石は溶けてはいません。

この岩石を溶かすためには、まずは温度を上げることが考えられます。図7-5では、点Pの状態を矢印Aのように変化させることに対応します。これにより、岩石は部分溶融の領域に入っていきます。

温度の次は圧力です。これについては、図7-5における矢印Bのような状態の変化、つまり圧力を低下させることで、岩石は部分溶融の領域に入っていきます*。押さえつける力が弱くなったために、構成鉱物の原子の並びが一部で崩れ、部分的に結合が切れた状態となり、岩石が溶け出したのです。

このほかに、岩石を溶かす要因は考えられないのでしょうか。実はあるのです。

それは、地球内部の岩石（かんらん岩）に水（H_2O）の

ような揮発性成分が多く加わったときです。このような成分には、岩石（正確にはその構成鉱物）における原子どうしの結合を断ち切る効果があります。つまり、岩石を溶かす方向にもっていくのです。このため、**図7-6**のように、岩石に水が過剰に含まれるときには部分溶融の境界が大きく変化して、溶けはじめる温度はかなり低下します。この場合、点Pの温度・圧力にある岩石は部分溶融の領域に入り、一部が溶けることになります。

ということで、マントル中の岩石、つまりかんらん岩を溶かすためには、温度上昇、圧力低下、水のような揮発性成分の付け加わりが必要になります。

＊この場合、圧力が低下することで岩石がやや膨張します。熱が入ってこない状態で膨張（断熱膨張）すれば、温度がやや下がりますので、矢印Bは温度の低い方向へ多少振れます。

▶火山が地球上に偏って分布する理由

前述のように、マントルにおいて、一般に岩石（かんらん岩）は溶けていません。マントルで岩石が部分溶融し、火山ができるほど多くのマグマが生じるには、「温度」、「圧力」、「水のような揮発成分」について上記の条件を満たす必要があり、このような条件の場所はとても限られています。火山のある場所が地球上で非常に偏っているのは、このことを反映しているのです。この続きは後ほど、**もっと知ろう4**において説明しましょう。

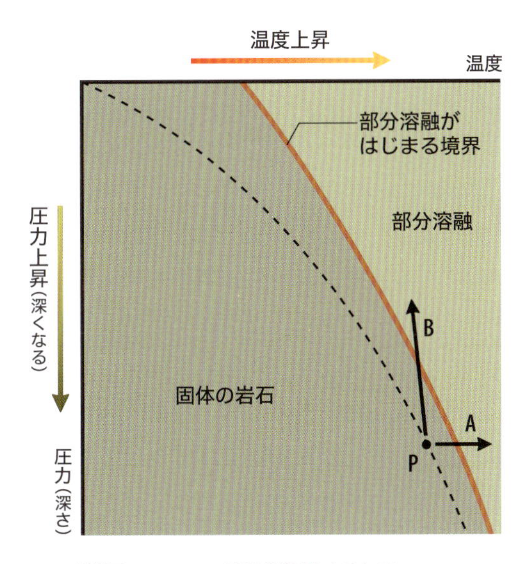

図7-5｜**岩石**（かんらん岩）**が部分溶融するには**（無水の状態）

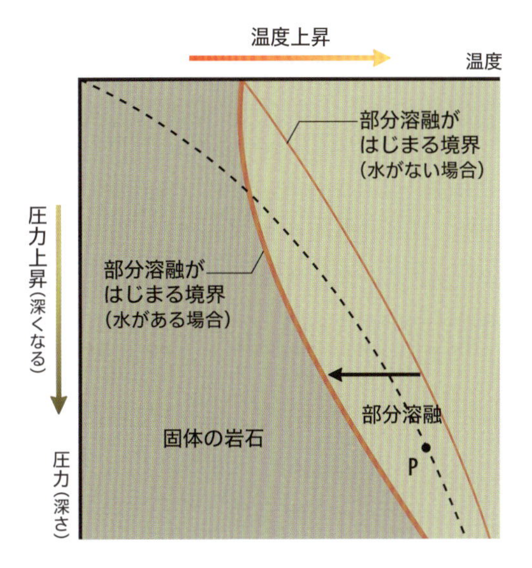

図7-6｜**岩石**（かんらん岩）**が部分溶融するには**（水が過剰に含まれている状態）
水が過剰に含まれている場合、部分溶融がはじまる境界は、矢印で示したように低温側へ移動する。

第8章 日本三大枕状溶岩 根室

▶地層を調べて海で噴出した溶岩を知る

これまで陸で噴出した溶岩について紹介してきました。陸上では溶岩は、主に粘りけに応じて、いろいろな形態をとるのでした。では、海底で溶岩が噴出した場合はどうでしょうか。

どうやら海の噴火でも溶岩は粘りけなどの関係でかなり多様な形態をとるようです。しかしながら、海底での出来事のため、陸のように実際に噴出しているところをなかなか観察できず、わからないことも多々あります。海底で噴出した溶岩を見る、あるいは知るにはどうしたらよいのでしょうか。

地球では遠い過去から現在まで、海底での噴火活動が絶え間なく続いてきました。そのような過去に海底で噴出した溶岩の一部は地層の中に残されているのです。地層は、過去の海底で土砂が堆積するなどしてつくられたものですが、このような場で噴火があれば、溶岩をはじめとする噴出物も、地層の中に保存されることになります。したがって、地層を調べることが海底の溶岩を見て知るための一番簡単な方法です。地層をほめるわけではありませんが、“地層ってすごい”のです。

▶噴出直後にバラバラになる場合

海底で溶岩が噴出するとどうなるかについては、地層の調査や海底での直接観察によって、大きく2つの場合に分けられることがわかってきました。

1つ目は、溶岩がバラバラになってしまう場合です。海底に出た溶岩が周囲の水により急冷され、また溶岩そのものからの発泡などもあり、破砕されてしまうことがあります。このようになれば、溶岩というよりも破砕された岩塊や角張った礫などが集まったものになります。これを「ハイアロクラスタイト」とか「水冷破砕岩」といいます。ハイアロクラスタイトという名は、ちょっと長く、イメージも湧きにくいものですが、専門家の間ではよく使われています。なお、ハイアロクラスタイトは、溶岩ではなく火山砕屑岩の一種です。

ハイアロクラスタイトの例を1つだけ紹介しましょう。**写真8-1**をご覧ください。写真の下半分を見ると、濃いグレーの岩石が地層に貫入しているようすがわかります。マグマが上昇した跡が「岩脈」として残っているのです。そして、写真の上の方には、ガサガサとした黒っぽい岩塊がたくさんのっています。これは、海底に噴出した溶岩が急冷されてできた岩塊が集まったもの、すなわちハイアロクラスタイトとみられます。

写真 8-1｜地層を貫く岩脈とハイアロクラスタイト

岩脈が地層に貫入し、最上部で岩塊が横に広がっている。貫入したマグマが当時の海底に達することで、溶岩として噴出し、ガサガサの岩塊、つまりハイアロクラスタイトになったとみられる。この地層は、北海道小樽市の忍路（おしょろ）半島付近に分布する忍路層で、その時代は新第三紀中新世の後期（およそ1100万年前～600万年前）とされる。

写真から当時の海底にハイアロクラスタイトが堆積したときのようすがよくわかりますね。このマグマは、玄武岩質から安山岩質のものとされ、その粘りけは、さらさらよりももう少しねちっとした感じであったとみられます。浅海での火山活動だったようです。

▶シート状溶岩か枕状溶岩になる場合

海底で溶岩が噴出したときの2つ目は、バラバラにならず溶岩として流れる場合です。特に、ある程度の水深で水圧がかかり、また溶岩の粘りけも低いときには、このケースになりやすいようです。

さらに、溶岩になる場合でも、噴出量が多いときと、そうではないときでは様相が異なります。噴出量の多い場合には「シート状溶岩（シートフロー）」と呼ばれる、平坦に広がっていく溶岩になります。そして、これ以外のときには「枕状(まくらじょう)溶岩」と呼ばれる形をとります……と書きつつも、実は筆者が、この本でもっともアピールしたい、そして世の中に知れ渡ってもらいたいものこそが、この枕状溶岩なのです。枕状の「枕」は、ベッドに置かれた、あの枕のことです。英語では、これをpillow lavaといい、もちろんpillow（ピロー）は枕を意味します。

簡単にいえば、筆者は「枕状溶岩に魅せられてしまった」となるでしょう。でも、急に魅了されたわけではありません。野外でいろいろな地層や岩石を見ていくうちにそうなりました。では、枕状溶岩のどこがいいのか。何しろ形がいいし、おもしろい。面構えもバラエティに富んでいます。また、外形だけでなく内部の構造もなかなか魅力的。そして、学術的にも、とても重要なのです。ということで、このあたりについて、これからじっくりと語りましょう。

▶本書の主役、枕状溶岩のでき方

まずは枕状溶岩のでき方について簡単に紹介しましょう。水中に溶岩が噴出すれば、水で急冷されて、その表面近くは薄い殻のように固化します。この形状は丸みを帯びた、ちょっと細長い塊といった感じです。そして、このような塊の内部はまだどろどろしているでしょうし、そこへさらなる溶岩の供給があれば、外側の殻を破って溶岩が流れ出します（**写真8-2**）。もちろん、このように出てきた溶岩も急冷されて、丸みを帯びた塊になり……といったことをあちこちで繰り返していけば、塊がどんどんできていくでしょう[*1]。

さて、以上の個々の塊は「枕状ローブ（ピローローブ）」と呼ばれます。ローブ（lobe）とは「耳たぶ」とか「丸い突出部」といった意味です。枕状ローブは、溶岩の流れが斜面のため勢いづけられるところでは、伸びて細長いチューブ状になったりします。そして、枕状ローブの集まったもの（積み重なったもの）、これこそが枕状溶岩なのです[*2]。現物をお目にかければ、**写真8-3**は枕状ローブですし、**写真8-4**が枕状溶岩となります。

ところで、インターネットの普及により世の中は便利になりました。実は「Pillow Lava」とか「Pillow Lava underwater」といったワードで動画検索すれば、海底で実際に枕状溶岩ができているところが見られま

写真8-2｜殻を破って流れ出した溶岩
左側の平たく大きな塊（枕状ローブ）から新たな塊が流れ出したことがわかる。ただし、大きな塊の方はシート状に広がった溶岩のようにも見える。場所は北海道日高地方の沙流（さる）川沿いで、噴出した時代は白亜紀とされる。

す。ダイバーが撮影した動画で、なかなか興味深いものです。筆者はこれを見て、子供の頃に遊んだ「ヘビ花火（ヘビ玉）」を思い出しました。

国内には、枕状溶岩を観察できるところがたくさんあります。この章から第10章にかけて、筆者が各地で見てきた枕状溶岩のうち、特にすばらしいと感じた3つを紹介しましょう。いってみれば、筆者が選ぶ枕状溶岩のビッグスリーです。

写真8-3｜枕状ローブ（ピローローブ）
形状がベッドにある枕（ピロー、pillow）ないしは抱き枕に似ている。場所は北海道根室市の海岸沿いで、噴出した時代は白亜紀とされる。

写真8-4｜枕状溶岩
枕状ローブがたくさん積み重なっている。また、枕状ローブの断面が見えているものもある。鏡餅やソーセージの断面のようなものもあり、おもしろい。場所は北海道根室市の海岸沿いで、噴出した時代は白亜紀とされる。

★1　溶岩がより多く噴出すれば、まずはシート状に広がり、その端付近で内部からどろどろの溶岩が流れ出て、同様の丸みを帯びた塊をつくっていくこともあります。

★2　第1章で紹介したパホイホイ溶岩は、土のうを積み上げたようにもなり、形状が枕状溶岩と似ることもあります。

図8-1｜**道東、花咲岬**(根室市)
地理院地図（https://maps.gsi.go.jp）で標準地図と陰影起伏図を合成して作成したもの

▶北海道の根室車石周辺の枕状溶岩

話の舞台は、北海道の東の端に近い、根室市の花咲(はなさき)岬付近になります(**図8-1**)。そこにある枕状溶岩を取り上げましょう。ここで紹介する写真は、かなり以前になりますが、厳しい地形条件の現地で、撮影に適した天候や海の状況を求めて何回か訪れてようやく得られた成果です(時間と労力がかかりました)。

花咲岬は、車輪のスポークのような形状がおもしろい、天然記念物の「根室車石(くるまいし)」で有名です(**写真8-5**)。よく知られているためか、これは単に「車石」とも呼ばれます。では、枕状溶岩はどこにあるのでしょうか。枕状溶岩を見に来ているつもりでいても、はじめてこの地を訪れれば、やはり車石に目がいってしま

写真8-5｜**根室車石**
根室車石ないしは車石として知られているものである。その正体は、後ほど紹介する。

います。実は枕状溶岩は、車石周辺から花咲岬にかけて広く露出しているのです。

具体的にいえば、車石を正面で見て左側の方向に、枕状溶岩はあります。そこには、岩石海岸が延びていて、その先にはいくつかの崖になった露頭が見えます（**写真8-6**）。一番遠くに望めるのが花咲岬の露頭です。これらの露頭には色調や形が明確に異なる2種類の溶岩が重なっており、そのうち中ほどから下のものが枕状溶岩なのです。写真では、枕状溶岩は丸いものが積み重なったようになっています。その一方で、露頭の上部にあるのは、柱状節理の入ったシート状溶岩です。これらの露頭は“枕状溶岩の壁”といった感じですね。遠くにある花咲岬の“壁”から順に詳しく見ていきましょう。

写真8-7をご覧ください。これは花咲岬の露頭です。かなり大きな枕状ローブがたくさん積み重なっています。ここでは丸っこい枕状ローブが立体的に見えています。後で見るように、通常の枕状溶岩では、枕状ローブとローブの間は火山ガラスやその破片、あるいは溶岩片などで埋まっているのですが、ここは荒々しい海に面していて常に波に洗われているため、それらが流されて、ローブの立体感のあふれる形状があらわになったとみられます。断面が見えている枕状ローブでは、放射状の割れ目、すなわち「放射状節理」が美しいですね。枕状溶岩が冷やされる過程で発達した割れ目です。また、上にのるシート状溶岩の下面は、枕状溶岩の形状に合わせて凸凹しています。シート状溶岩が枕状溶岩の上を流れて、こうなったとみられます。

写真8-6｜枕状溶岩の壁
写真左半分に見えるものが花咲岬の露頭である。

写真8-7 花咲岬の露頭
枕状溶岩とシート状溶岩が露頭一面に見えて壮観である。

▶枕状溶岩の形状で上下方向を推定

写真8-8は、写真8-6で手前にある露頭です。ここでは、より小さな枕状ローブの断面が目立ちます。これらが米俵か炭俵のように、たくさん積み重なっていますね。なかには、重力でたれ下がって、下に凸となったものも見られます。このような枕状ローブの形状から、溶岩やそれを含んだ地層の上下の向きについて推定できます。つまり、このたれ下がった形状から、ここの溶岩や地層は上下がひっくり返っていないと考えられるのです。

実は、ここの溶岩は、白亜紀の後期（今から7000万年ほど前）のもので、根室層群の浜中層という地層中

写真8-8｜**手前にある露頭**
インターネットや書籍で車石周辺の枕状溶岩について調べると、この露頭の写真を見ることが多い。その意味で、ここでの枕状溶岩を代表する露頭である。

にあります。このくらい古いと、場合によっては地層は、上下逆転するような大きな地殻変動を受けたりします。しかし、上記の枕状溶岩の形などから、この地層は、そのような変動を受けていないとみられるのです。溶岩や地層の上下方向の推定に枕状溶岩の形状を使うことは、地質調査で重要な手段となっています。

写真8-6には写っていませんが、もっと手前側にも枕状溶岩の崖となった露頭があります。**写真8-9**をご覧ください。やや崩れたところもありますが、たれ下がる枕状ローブが立体的に見えますね。次々と枕状ローブが積み重なり、そしてまだまだ軟らかいため、下に空間があればたれ下がる、そんな溶岩が流れた当

写真8-9｜たれ下がる枕状ローブ
今にも動き出しそうな枕状ローブが重なっている。

時のようすを彷彿とさせてくれます。とても生々しい感じです。

▶枕状ローブから新たなローブが流出

写真8-9の崖（車石から見て一番手前の崖）と車石の間の海岸には、岩場が細長く延びています。そしてこの岩場は、ちょっとした“枕状溶岩パラダイス”になっています。ここで観察できる枕状溶岩を紹介しましょう。なお、花咲岬周辺は天候や海の状況が厳しいことも多く、また険しい地形のため、この岩場にはなかなか近づけません。

先ほど、枕状ローブから流れ出た溶岩が新たな枕状ローブをつくるといった説明をしました。この岩場では、そのようすのわかるものが見られます。

写真8-10｜流れ出た枕状ローブ その1
焼きモチが膨れたように枕状ローブが出ている。

写真8-11｜流れ出た枕状ローブ その2
枕状ローブの伸びに沿った水平断面を見ているために、節理（割れ目）が写真のようになっている。もし枕状ローブを胴切りする断面（垂直断面）であれば、放射状節理が見えるだろう。

まずは**写真8-10**をご覧ください。写真下から上へ、岩が焼きモチのようにプゥーと膨れて出たように見えます。手前の方（写真下側）に大きな溶岩ローブがあり、そこから新たなものが流れ出したところとみられます。流れ出た新たな溶岩ローブは、かなり侵食されて中心近くの水平断面が見えているようで、その内側（スケール代わりのハンマーのところ）が塊状、外側の表面近くでは細かな割れ目状といった感じになっています。

写真8-11の枕状ローブも侵食が進んで平たくなっています。途中で流れる方向が変わったのか、枕状ローブが曲がっていますね。大きさは、写真8-10の溶岩ローブと同じくらいです。

写真8-12 | **根室の"完全車石"**
枕状ローブの断面を見ている。この直径は2mあまり（全体車石の右やや下にスケール代わりのハンマーが写っている）。

▶放射状節理が美しい"完全車石"

写真8-5の車石は、スポークのように見える放射状の節理が、車（くるま）（車輪）の上半分だけ見えている状態となっています。ところがです。この岩場の枕状溶岩を探索しているときに、なんと車全体を模したような車石と出会ったのです。

写真8-12をご覧ください。丸い岩に放射状節理がきれいに入って、車輪のようになっていますね。差し渡しで2mちょっとはあります。大きさでは、写真8-5のものにはかないませんが（車石の直径は約6m）、何し

写真8-13｜外側と内側の放射状節理
写真中央の枕状ローブの中心部付近は塊状のようになっている。

ろこちらのものは車全体が見えています。とても見事です。筆者はこれを、根室の“完全車石”と呼んでいます（ちょっと芸のないネーミングですが）。もちろん、これは枕状ローブの断面を見たものです。

▶枕状ローブ断面に見られる節理と結晶

枕状ローブの断面をよく見てみると、その内側と外側で放射状節理の間隔が異なることがわかります。**写真8-13**をご覧ください。この写真からわかるように、外側にはより細かな放射状節理、内側には間隔の広い

写真8-14
同心円状の節理
枕状ローブの断面に、木の年輪のような、かなり細かな同心円状の節理が見られる。

放射状節理が配されています。外側は急冷されて、細かな節理になったとみられます。また、この枕状ローブの中心付近は、放射状節理というよりも、塊状になっているようです。

節理については、放射状のほか、断面で同心円状に見えるものもあります。**写真8-14**です。少しうっすらとしていますが、同心円状の節理が何本も走っていますね（写真上部の中ほどでは右上から左下に、下部の中ほどでは浅い角度で左上から右下に節理が見えています）。放射状節理に比べて細く弱い感じです。このような同心円状の節理も枕状ローブが冷却していく中でできるのでしょうか。不思議です。

枕状ローブの断面に、**写真8-15**のような、小さな白いものが点在していることがあります。大きさは2

写真8-15｜枕状ローブの白いもの
枕状ローブの内部には、不定形の白いものが点々と見られることも多い。

写真8-16｜沸石の結晶
白いものの正体は、小さな空洞に成長した沸石の結晶である。

～3cmくらいです。鳥のフンではありません。白いところに近づいて観察すれば、そこは空洞になっていて、たくさんの針状の結晶で白くなっていることがわかります（**写真8-16**）。この結晶は「沸石」という鉱物です。ここのものはナトリウム成分（Na_2O）が多いとされています。このような沸石は、溶岩が固まるとき、最終的にナトリウムや揮発性成分などがマグマの残液に集まり、そこから晶出したものとみられます。

▶コンパクトで美しい断面の枕状ローブ

ここでは小さいながらも、形状の美しい枕状ローブの断面も見ることができます。**写真8-17**は、筆者が気に入っているものです。大きな枕状ローブに挟まれた奥に、ちょこんと顔をのぞかせていました。ただし、小さいといっても差し渡しで70～80cmはありますし、もしかしたらこのローブには、写真奥深くに大きな本体があって、その末端部分の断面を見ているのかもしれません。いずれにしても、この断面はやや長円形で、

写真8-17｜**コンパクトで美しい断面**
大きな枕状ローブの間で、顔をのぞかせていたコンパクトな断面であり、均整がとれていて美しい。

放射状節理がきれいに入り、また同心円状の節理も見えています。こぢんまり、うまくまとまったという感じです。

さて、ここで注目していただきたいのは、この断面の右上です。この断面が黒っぽい部分を介して隣の枕状ローブとくっついています。この黒っぽい部分は枕状ローブの急冷縁、つまり海水に接して急冷された溶岩の周縁部で、ガラス質になっているのです。この地では、少なくとも枕状ローブが互いに近接する場合には、その間は黒っぽいガラス質のもので占められているようです。

▶枕状ローブ表面の模様や凹みのでき方

ここの枕状溶岩では、上述のような放射状節理が目を引きます。では、このような放射状節理は、枕状ローブの表面ではどのように現れるのでしょうか。

これを知る上で、なかなか興味深い枕状ローブがありました。**写真8-18**です。ハチの巣模様がきれいなローブが、ゴロリという感じで露出しています。この一部では断面が出ていますね。ここを見ると、枕状ローブの外側の細かな放射状節理がハチの巣模様をつくっていることがわかります。おそらく、この枕状ローブのさらに外側には、上記のガラス質の部分が

写真8-18 | **ハチの巣模様の表面**
枕状ローブの表面近くにある、細かな放射状節理が表面のハチの巣模様をつくる。

写真8-19 | **枕状ローブ表面の凹み**
枕状ローブの伸びの方向に浅い凹みが走っている。
手前に走る凹みの中には細い亀裂も見える。

あったものの、侵食などではげ落ちてしまったのでしょう。

ところで、枕状ローブの表面には、ハチの巣模様のほか、**写真8-19**のようにローブの伸び方向に沿った凹みが走っていることがあります。枕状ローブの中に溶岩が供給され、その胴回りも膨れて伸ばされて凹んだものとみられます。つまり、枕状ローブの表面が引き伸ばされて、部分的に薄くなったところが凹みになったのでしょう。さらに**写真8-20**のごとく、枕状ローブの表面にある殻が割れて、中身の急冷されてできたような黒っぽい部分をのぞかせているものもありました。おそらく、膨れた枕状ローブの凹みがより広

写真8-20 | **枕状ローブ表面の割れ目**
枕状ローブの表面が割れて、黒っぽい部分が露出している。

写真8-21 | **車石と枕状溶岩の関係**
中央左側に枕状ローブが横たわっている。この写真からわかる状況には「お宝は下に」という言葉がよく合う。お宝とはもちろん枕状溶岩のこと。

がって、このようになってしまったのでしょう。枕状ローブの表面をていねいに見ていくと、その内部での溶岩の生々しい動きが想像できたりします。

▶車石の正体は？

ところで、写真8-5の車石って、いったい何物なのでしょうか。少なくとも枕状溶岩ではありません。

まずは、車石と枕状溶岩の位置関係がわかる写真をご覧に入れましょう。**写真8-21**です。写真の一番上に車石が見えていますし、車石は明るいグレーのシート状溶岩の一部であることもわかります。その一方で、シート状溶岩の下に、ちょっと黒っぽいモコモコとした岩がありますね。これが枕状溶岩なのです。この地では、写真8-7のように、シート状溶岩の下に枕状溶岩があるのでした。ということで、車石があるところも同じようになっていて、車石はシート状溶岩でできているのです。

次に、車石を横から見てみましょう。**写真8-22**です。「盛り上がり」が写っていますね。この写真の左方向から、この盛り上がりと対面すると、写真8-5のようになります。つまり車石は、シート状に多量に流れた溶岩が何らかの原因で局所的に盛り上がって固まり、後々になってそれが少し崩れたものといえるでしょう。

▶この溶岩は比較的珍しいアルカリ玄武岩

さて、ここのシート状溶岩や枕状溶岩は、前述のように白亜紀の後期に堆積した根室層群の浜中層にあります。そしてこのとき、玄武岩質マグマが活動しました。つまりここで見られる岩石は玄武岩なのです。しかも、この玄武岩はナトリウム成分（Na_2O）やカリウム成分（K_2O）を多く含む「アルカリ玄武岩」とされています。アルカリ玄武岩は、世界的に見ればそれほど珍しいものではなく、海洋地域の火山島や大陸内部などによく産するようです。ただし、日本列島ではその産出はあまり多くなく、主に日本海側で点々と見られるくらいで、その意味ではちょっと珍しい岩石かもしれません。

▶車石を訪れたらぜひ枕状溶岩も

観光スポットである車石付近からでも、枕状溶岩を十分によく見ることができます。ここを訪れた際に、車石の向かって左手にある海岸へも目を向ければ、ちょっと遠くの崖に枕状溶岩とシート状溶岩が望めるはずです。双眼鏡があれば、より詳しく観察できるでしょう。また、周辺の遊歩道などからも岩場の枕状溶岩をそこそこ確認することができます（ただし、枕状溶岩をある程度見慣れている必要があるかもしれません）。

写真8-22｜横から見た車石
この写真の左側から、ドーム状の盛り上がりを見ると、写真8-5の車石になる。

第9章 日本三大枕状溶岩 父島

図9-1 | **小笠原諸島、父島**(小笠原村)

地理院地図(https://maps.gsi.go.jp)で標準地図と陰影起伏図を合成して作成したもの

▶黄色と黒の模様を描く枕状溶岩

筆者がすばらしいと感じた枕状溶岩を引き続き紹介していきます。次はずっと南へ飛びます。東京から1000kmほど南に位置する小笠原諸島です。ここは、2011年に世界自然遺産として登録されました。そのような島々の中で父島とその周辺の島にすばらしい枕状溶岩が露出しています。

いつの頃か忘れましたが、筆者は、ここの枕状溶岩と写真で出会いました。その枕状溶岩は、黄色っぽい色と黒が織りなす不思議な模様を描き、このことが強烈な印象として残ったのです。その後いくつかの本で、同様の写真を目にすることがあり、根室花咲岬のように、知る人ぞ知る注目すべき枕状溶岩だと思うようになりました。

▶砂浜から見ることができる露頭

さて、筆者に強烈な印象を与えた枕状溶岩は、父島の南西に位置する小港海岸にあります（位置は**図9-1**参照）。ここでは**写真9-1**のように白い砂浜がほぼ南北方向に延びています。この砂浜の北と南にある崖の露頭で、あの枕状溶岩を観察することができるのです。

小港海岸のバス停で下車し、木々の中、海の方へしばらく歩くと、視界が一気に開けて白い砂浜が広がります。そして、砂浜の北の方へ目を向けると、少しえぐられた崖に、遠目ながらも奇妙な模様が見えるでしょう（**写真9-2**）。あの、あこがれの枕状溶岩です。ということで、まずはそこへ足を向けます。

露頭に近づくと、待望の枕状溶岩がはっきりと見え

写真9-1｜**小港海岸**
白い砂浜を写真の右から左へ行った先にあるのが、枕状溶岩が露出する北にある崖（露頭）。ここでは、波の侵食などで崖が凹む地形（ノッチ）になっている。写真では、この地形が黒い影となって海岸線に沿って延びている。海岸で遊んでいる人たちをときどき見かけるが、誰も枕状溶岩に関心を示さない。

写真9-2｜
小港海岸、北にある露頭
白い砂浜の先、海岸線に沿って独特の模様を描く枕状溶岩が見える。

写真9-3｜北にある露頭の枕状溶岩

露頭に近づくにつれ、枕状溶岩のつくる絵模様がはっきりしてくる。露頭の上部にも枕状溶岩は見えるが、ここでは波の影響が少なく不明瞭である。

写真9-4｜巨大な植木鉢？

露頭をパノラマ撮影すると、このような印象的な写真になった。

写真9-5
枕状ローブの拡大
写真から、枕状ローブ内部では、色合いが一様ではないこと、気泡の跡が見られることなどがわかる。また、枕状ローブは、黒っぽいガラス質のもので覆われ、ローブ間には、その破片などが詰まっている。

てきました（**写真9-3**）。露頭の下半分は波の侵食でえぐられて「ノッチ」と呼ばれる凹み状の地形になっています。波しぶきでちょっと湿っているせいか、さらには波の侵食で露頭の表面が滑らかなこともあってか、その凹んだ部分に、鮮明な色合いの枕状溶岩が展開していました。

ここまで見事な枕状溶岩の断面であれば、多少とも工夫をして撮影したくなります。そこで露頭に接近してパノラマで撮ってみました。**写真9-4**です。派手な網目模様のある、巨大な植木鉢のようでおもしろいですね。

▶枕状ローブの色と気泡、ガラス質、形状

では、露頭に近づいて枕状溶岩を観察してみましょう。例えば、**写真9-5**です。枕状ローブの部分は、変質して黄色みを帯びています。ただし、明るいグレー

写真9-6｜**流れ出た枕状ローブ**
上方へ流れ出したように見える枕状ローブ。なかなかおもしろい形状をしている。

写真9-7｜**たれ下がった枕状ローブ**
写真中央の枕状ローブに、重力によるたれ下がりが見られる。

のところもあり、これがもともとの色合いに近い、変質の少ない部分でしょう。また、枕状ローブには細かな気泡の跡が点々と見えます。枕状ローブの黒い外縁は、マグマが急冷されたガラス質の部分です。写真右下の枕状ローブを見ると、このガラス質の部分がローブを覆っているようすがわかります。枕状ローブどうしのすき間は、ガラス質の破片で埋まっているようです。

ここでは、枕状ローブの放射状節理は、あまり明瞭ではありませんが、枕状溶岩の基本的な構成は、前述の根室花咲岬のものと同じです。

枕状ローブの形にも目を向けましょう。いろいろな形があります。その中で、やはり**写真9-6**のようなものが目を引きます。1つの枕状ローブから、上方に向かって新しいローブがムニュッと出たような感じです。

ところで、今「上方に」と書きましたが、地殻変動で上下が逆転しているといったことはないのでしょうか。大丈夫です。**写真9-7**のような、枕状ローブがたれ下がった形を見れば、溶岩に上下の逆転がないことがわかります。

▶枕状溶岩ばかりの壮観な露頭

今度は小港海岸の南にある、崖の露頭です。砂浜を南へ歩くと、大きな露頭が近づいてきます。この露頭、ほぼ枕状溶岩からできていて、眺めはなかなか壮観です。北側の砂浜から、これを撮影すると**写真9-8**のようになります。この位置から見た露頭の写真は、ときどき書籍などで見かけます。父島の枕状溶岩について

写真9-8｜有名な露頭
この露頭は書籍やインターネット上で見ることが多い。

の代表的なシーンが撮れるポイントといってもいいでしょう。その一方で、この露頭を西、すなわち海の方から見ても、**写真9-9**のようにすばらしい光景が広がります。特に、夕日が露頭を照らすと、枕状溶岩の色合いもよくなり見映えがします。

▶日本発祥の珍しい岩石、ボニナイト

さて、小笠原諸島といえば、ぜひ紹介しなければな

写真9-9｜
夕日に映える露頭
溶岩が黄色っぽく変質しキリンのような模様になっている。ただし、キリンの場合、多角形模様の縁取りの方が黄色となり、配色は逆になる。

らない岩石があります。「ボニナイト」というものです。小笠原諸島には、ボニン諸島（Bonin Islands）という英名もあります。実は小笠原の島々は、かつて「むにんとう」「むにんじま」（無人島）と呼ばれ、この「むにん」が英語ではボニンになって、このようにいわれるようになったとされています。ボニナイトはこの地ではじめて発見され、もちろんその名はボニンに由来し、そして元をたどれば、これは日本の地名からきているのです。したがって、ボニナイトは日本発祥の岩石ともいえるでしょう。ちなみにその和名は「無人岩（むにんがん）」といいます。

このボニナイト、火山岩の一種であり、実は世界的に見ても大変珍しい岩石なのです。どこが珍しいのでしょうか。これを理解するには、火山岩の化学組成を知っている必要があります。**もっと知ろう1**（22ページ）で紹介したように、火山岩は、玄武岩から安山岩、そして流紋岩へと、二酸化ケイ素（SiO_2）、つまりケイ素の含有量が増えていきます。その一方で、減っていく元素もあります。その代表格がマグネシウムです。そこで、マグネシウムもその酸化物、つまりMgOの形で各岩石の含有量を見てみましょう。

まず、玄武岩（SiO_2は50%前後）では、そのMgOの量は6%くらいです。安山岩（SiO_2は60%前後）になるとMgOの量は3%くらい、そして流紋岩（SiO_2は73%前後）については0.4%ほどとなって、SiO_2とは逆に一方的に減少していきます（参考文献[74]による）。

それでは、ボニナイトはどうでしょうか。ボニナイトのSiO_2の含有量は安山岩と同じくらいなのですが、

MgOの量は8%以上と、異常に多いのです。小笠原諸島、父島のボニナイトでは、MgOの量が15%くらいのものもあります。ボニナイトは、SiO_2の含有量を使った火山岩の分類では安山岩になりますが、とてもとても多くのMgOを含んでいるのです。

▶ボニナイトは特別な出来事で生じた？

では、地球でマグネシウムが多いところはどこでしょうか。実は、地殻の下にあるマントルなのです（**表9-1**）。マントルの上部で初生的にできるマグマは、一般的に玄武岩質のものとされています。だから上記のように、安山岩や流紋岩と比べて玄武岩にはMgOが多いのです。その一方で、ボニナイトは、玄武岩よりもMgOが少なくなるはずの安山岩なのに、これが極端に富んでいます。マントル上部でボニナイトのマグマができたのは、そこが通常とは異なる状況だったからかもしれません[*1]。

ボニナイトには、このほかにも特徴があります。ここに含まれている鉱物は、マグネシウム成分に富む輝石やかんらん石などであり[*2]、通常の安山岩に存在する斜長石は見られません。輝石については、3〜4種類のものが含まれています。この中には「単斜エンスタタイト」と呼ばれる、いん石にはよく含まれる一方で地球上の岩石では珍しい輝石もあったりします。また、ボニナイトは岩石全体がガラス質なことも特徴的です。

表9-1 | **マントル・地殻の化学組成**（重量%）

	マントル	地殻（大陸）	地殻（海洋）
SiO_2（ケイ素）	45.1	60.1	49.5
Al_2O_3（アルミニウム）	3.3	16.1	16.0
FeO（鉄）	8.0	6.7	10.5
MgO（マグネシウム）	38.1	4.5	7.7
CaO（カルシウム）	3.1	6.5	11.3
Na_2O（ナトリウム）	0.4	3.3	2.8
K_2O（カリウム）	0.0	1.9	0.2
その他（チタン・マンガン・リン・クロム）	0.8	1.0	1.5
合計	**98.8**	**100.1**	**99.5**

この表からマントルにはマグネシウムがとても多いことがわかる。また、大陸と海洋の地殻では化学組成が異なることもわかる（したがって、そこを構成する岩石も違う）。大陸地殻では上部が花崗岩質の岩石（花崗岩と類似の組成を持つ岩石）、下部は玄武岩質の岩石（玄武岩と類似の組成を持つ岩石）からなる。表の地殻（大陸）の化学組成は、この上部と下部を平均したものであり、両者の中間的、すなわち安山岩質の岩石に近い値になっている。一方、海洋地殻は主に玄武岩質の岩石からなる。

参考文献[68]に基づく

★1 現在、父島の東側では、非常に厚い太平洋プレートがフィリピン海プレートの下へ沈み込んでいます（図10-5、136ページ）。父島付近でボニナイトのマグマが噴出したのは、約4800万年前〜4600万年前に限られ、その直前に太平洋プレートが突如フィリピン海プレートの下へ沈み込みはじめたといいます。厚いプレートの突然の沈み込みがマントル内でマグネシウムにとても富んだ岩石の急激な上昇をもたらし、それにともなってボニナイトのマグマが生成したという考え方があります（参考文献[83]）。

★2 輝石のうち、斜方輝石と呼ばれるものは、化学組成で見れば$MgSiO_3$と$FeSiO_3$成分が混ざった鉱物です。このため、これは$(Mg,Fe)SiO_3$と表すことができます。もう少し具体的にいえば、結晶は規則正しく各種の原子が配列したものであり、そしてMgとFeの原子（正確にはイオン）は類似の大きさで同じ電荷（いずれも2価）のため、斜方輝石の結晶中で互いに置き換わることができます。したがって、$MgSiO_3$のMgがFeに置き換わった、つまり$FeSiO_3$成分を持つ斜方輝石があってもよいのです。結局のところ、$MgSiO_3$と$FeSiO_3$の両者は、結晶という固体でありながら任意の割合で均質に混じり合えます（溶け合えます）。専門的にはこれを「固溶体」といいます。
斜方輝石$(Mg,Fe)SiO_3$の場合、マグネシウム成分に富むとは、もちろん$MgSiO_3$成分の多いものをいいます。ちなみに、$MgSiO_3$成分が90%以上のものを頑火輝石（エンスタタイト）といいます。
かんらん石の化学組成は、同様に$(Mg,Fe)_2SiO_4$と表すことができます。Mg_2SiO_4成分を90%以上含んだ、マグネシウムに富むものは、苦土かんらん石（フォルステライト）と呼ばれます。
なお、斜方輝石の$MgSiO_3$はMgOとSiO_2が1:1で、かんらん石のMg_2SiO_4はそれらが2:1で結びついたもので、かんらん石の方がより多くのMgOを含んでいます。
マントル上部には、主として、マグネシウム成分に富むかんらん石や輝石といった鉱物があるとみられています。

▶小港海岸の枕状溶岩はボニナイトか

ところで、上記で紹介した小港海岸付近の枕状溶岩はボニナイトなのでしょうか。参考文献[124]によると、この付近の枕状溶岩は、MgOが6〜7%くらいで、ボニナイトに比べてその含有量は低く、また斜長石も見られます。このため、この文献ではボニナイトではなく「古銅輝石安山岩」と記載されています。古銅輝石安山岩は、古銅輝石を含む、マグネシウムにそこそこ富んだ安山岩です。古銅輝石（ブロンザイト）は、マグネシウム成分に比較的富んだ斜方輝石で、その色は青銅（ブロンズ）色に見えることがあります*。

残念ながら、小港海岸付近の枕状溶岩はボニナイトではないようです。でも、父島では東側や北側の海岸などで、ボニナイトの枕状溶岩を観察することができます。それらをご紹介しましょう。

* 古銅輝石（ブロンザイト）の場合、$MgSiO_3$成分は90〜70%になります。頑火輝石に次いで、マグネシウム成分の多い斜方輝石です。

▶ボニナイトの枕状溶岩は初寝浦に

父島の東側の海岸で、ボニナイトの枕状溶岩を観察しやすいところといえば、初寝浦でしょう（位置は図9-1参照）。父島を周回する道路（父島循環線）から散策路を1時間あまり歩いて、この海岸に到着すれば、**写真9-10**のように、すばらしい景色が広がります。こ

写真9-10｜**初寝浦**
険しい海岸が続く父島東海岸の中で、初寝浦は数少ない砂浜の広がる海岸である。写真の左側が北方向であり、そこに見える崖の露頭に、ボニナイトの枕状溶岩が積み重なっている。

写真9-11｜ボニナイトの枕状溶岩　その1
小港海岸の枕状溶岩とは見た目がかなり異なる。写真の右端近くに、マグマの通り道である岩脈が上下方向に走っている。

の写真の左側に崖となった露頭が写っていますね。ここに、おびただしい量の枕状溶岩があるのです。もちろん岩石はボニナイト。早速、ご覧に入れましょう。

写真9-11は、初寝浦の砂浜を北に進んだところにある露頭です。露頭一面に枕状溶岩の断面が出ています。これがボニナイトの枕状溶岩です。写真の右端近くには、岩脈が上下に走っています。ボニナイトを供給したマグマの通り道が、おそらくこのような形で残っているのでしょう。この岩脈の右側（海側）にも露頭は続き、**写真9-12**のような、見事な枕状溶岩を見せてくれます。

ボニナイトの枕状ローブは、数十cmくらいのものが多く、先の小港海岸のものより、少し小さい感じです。また、色も全体的に黒っぽく、黄色みは感じません。ボニナイトは全体的にガラス質のため、このような違いがあるのかもしれません。いずれにしても、見

写真9-12｜**ボニナイトの枕状溶岩　その2**
枕状溶岩の断面が魚のウロコのように見える。

写真9-13｜**枕状ローブの拡大**
枕状ローブの内部には多くの小さな気泡の跡が見られる。

た目は、小港海岸のものとはかなり異なります。

枕状ローブの断面を拡大して見ると、**写真9-13**のように、その内部には細かな気泡の跡がかなりあって、ガサガサした感じになっています。さらにいえば、根室花咲岬のような、美しい放射状節理は見られないようです。

▶ボニナイトが風化し「うぐいす砂」に

ボニナイトには、何種類かの輝石が含まれ、その中には古銅輝石もあります。ボニナイトが風化侵食を受けると、固い古銅輝石が砂粒となって残ります。古銅輝石はブロンズ色（黄色みがかった茶色）のことがありますが、緑色を帯びて、く

写真9-14｜**うぐいす砂**
写真右側のように、古銅輝石の砂粒が集まっているところは“うぐいす色”になっている。

写真9-15｜**伸びる枕状ローブ**
チューブのように引き伸ばされた枕状ローブも見ることができる。

すんだ黄緑色になったりもします。

初寝浦の砂浜では、**写真9-14**のように、このくすんだ黄緑色の砂粒が集まっているところがあり、「うぐいす砂」と呼ばれています。砂浜で、この色合いの濃いところをさがして歩くのも楽しいでしょう。

▶ボニナイトはアクセス容易な釣浜にも

初寝浦へ行くにはそこそこ歩きます。父島では、もっとアクセスしやすい場所でもボニナイトの枕状溶岩を観察することができます。父島の北端近くにある釣浜の海岸です（位置は図9-1参照）。フェリー発着場付近の市街地から北東へ、低い尾根を越えて下れば、この海岸に至ります。

ここでは、**写真9-15**のように、同じ方向にチューブのごとく伸びた形の枕状溶岩が見られます。急な斜面を流下したために伸びたのかもしれません。また、**写真9-16**のような、ちょっと目を引く枕状溶岩の断面も見ることができました。岩石が多少変質してるのか、黒を背景に枕状溶岩が際立っていて、おもしろい図柄です。筆者は暗い海中に浮かぶクラゲを連想しました。

写真9-16
枕状溶岩の断面
枕状溶岩の断面が、絶妙な"絵"を描いている。

▶もう1つ珍しい枕状溶岩を

さて、ここ父島では、もう1つ興味深い枕状溶岩を見ることができます。枕状溶岩となるのは、玄武岩からせいぜい安山岩までの、粘りけの低い溶岩がほとんどでしょう。これ以上粘りけのあるデイサイトや流紋岩の溶岩は、海中ではハイアロクラスタイトのように、破砕された形になってしまうようです。

ところがです。父島には、なんとデイサイトの枕状溶岩があるのです。この枕状溶岩は父島の南部などに分布し、特に小港海岸の南西に位

写真9-17
中山峠付近で見られるデイサイトの枕状溶岩
山の斜面に広がる網目のような白い筋から枕状溶岩であることがわかる。

写真9-18｜デイサイトの枕状ローブの断面
枕状ローブの内部（写真中央付近）はかなり破砕しているが、全体としてローブの形状は保っている。

置する中山峠付近が観察に適しています（位置は図9-1参照）。この峠周辺の山の斜面には、**写真9-17**のような岩肌が広がっています。ここに見える白っぽい筋が、いってみれば枕状溶岩の輪郭で、その形状は枕状溶岩の断面に特有なものになっていますね。大きさは数mくらい、ものによっては10mを超えるようです。中山峠付近の道沿いでは、**写真9-18**のような枕状ローブの断面も間近で観察できます。

このように父島の枕状溶岩には興味が尽きません。

第10章 日本三大枕状溶岩 佐渡

▶佐渡島の景勝地、小木海岸の枕状溶岩

筆者おすすめの枕状溶岩、3つ目です。選ぶにあたって悩みましたが、やはり特有の特徴がある、つまり少しでも写真で見れば「ここのものだ！」とわかる枕状溶岩にしました。そして、ご覧に入れるものは、枕状溶岩にとっての記念碑的な意味合いも持っています。

この枕状溶岩がある場所は、新潟県の佐渡島。日本海に浮かぶ島です。島南部の西端近くには小木海岸が延びています（**図10-1**）。この小木海岸のいくつかの場所で、枕状溶岩が観察できます。今回は、この中で一番西に位置する、沢崎周辺のものを紹介しましょう。なお、小木海岸は景勝地であり1934年に天然記念物になっています。これは根室車石より5年ほど早い時期での指定です。

沢崎の海岸には、沢崎鼻（さわさきはな）灯台が置かれています（**写真10-1**）。そして、この灯台付近の海岸では、**写真10-2**のように崖の下に平らな岩場が広がっています。ここは「波食棚（はしょくだな）（波食台）」といわれる、波の侵食などによって崖が後退してできた平坦地であり、それが過去の大地震のときに隆起して、このようになったとされています。一方、波の侵食などでできた崖は「海食崖（かいしょくがい）」と呼ばれます。この波食棚と海食崖の両方に、

図10-1 | **佐渡島、小木海岸**（佐渡市）
地理院地図（https://maps.gsi.go.jp）で標準地図と陰影起伏図を合成して作成したもの

とても印象深い枕状溶岩が広がっているのです。

▶独特の白っぽい網目模様の枕状溶岩

ここの枕状溶岩は見た目が非常に特徴的です。特にその断面は、ほかの地ではなかなか見られない様相を呈しています。

写真10-1｜沢崎鼻灯台
灯台は海岸沿いの小高いところに置かれている。

写真10-2｜波食棚と海食崖
海岸に沿って、平らな岩場（波食棚）が広がり、そこから崖（海食崖）が急に立ち上がっている。波食棚から飛び出た、独特の形状の岩が後述の「たけのこ岩」である（写真右下、多少黄色みを帯びたもの）。

写真10-3｜特有の枕状溶岩
枕状ローブの白っぽい縁取りが特徴的である。

写真10-3をご覧ください。この枕状溶岩の断面は、海岸に沿った崖の露頭で見られたものです。それぞれの枕状ローブの内部は、明るいグレーで、ちょっとボコボコしていて、何となく放射状節理がわかります。また、枕状ローブのたれ下がりも見えます。そして、なんといっても枕状ローブの白っぽい縁取りが印象的ですね。そうです。通常であれば枕状ローブは黒っぽいガラス質のものに覆われているはずですが、ここの枕状溶岩では、ローブの外側は変質により白っぽくなっていて、このことが最大の特徴になっています。筆者が、枕状溶岩の文献調査をしたり、あるいはインターネットで枕状溶岩の画像検索したりすると、ときおりこの写真のような白っぽい網目模様のものが目に入ります。その撮影地を確認すれば、まず間違いなく、この小木海岸なのです。

さて、現地に行くとわかりますが、この特徴的な枕状溶岩は、崖に沿ってずっと続いているだけでなく、平らな波食棚の上にも広がっています。この状況をなんとか伝えたいという思いから、パノラマで撮影してみました。**写真10-4**です。ここの海岸では、泡を連想させる白い網目模様が一面に見られて、筆者のような“枕状溶岩ファン”にとっては聖地といえるかもしれません。

写真10-4 **泡模様の海岸**
ここ特有の枕状溶岩の断面が、波食棚と海食崖の一面に広がり、泡模様を見ているようである。

▶形状も節理も縁取りもじっくり観察

この泡模様の海岸を観察していくと、いろいろなものが見えてきます。まずは、**写真10-5**です。枕状ローブを覆う白い部分が、たまごの断面のように見えますし、積み重なっているようすもわかります。

白色への変質をまぬがれた、黒っぽいガラス質の部分が残っているところも見られます。**写真10-6**では、枕状ローブの外縁だけでなく、ローブ間のすき間を埋めている破片も、黒っぽいガラス質になっています。

このほか、枕状ローブの典型的なたれ下がり断面（**写真10-7**）や、美しい放射状節理のある断面（**写真10-8**）も見ることができます。

写真 10-6 | **黒いガラス質の部分**

黒っぽいガラス質とみられる部分も一部で残っている。

写真 10-5 |

たまごのような枕状溶岩

枕状ローブの白っぽい縁取りがたまごの殻のように見える。

写真 10-7 |

枕状ローブのたれ下がり

重力による枕状ローブのたれ下がりがきれいに見えている。

写真10-8｜放射状節理のある枕状ローブ
根室花咲岬のものほど明瞭ではないが、放射状節理がよく見えている。

▶枕状溶岩でできた「たけのこ岩」

さて、この波食棚には、泡模様の枕状溶岩のほかにも異彩を放っているものがあります。「たけのこ岩」です。写真10-2にも写っていますが、海岸に下りて波食棚から見るたけのこ岩は、なかなか趣があります。**写真10-9**をご覧ください。波食棚に、色合いも黒っぽい枕状溶岩が広がり、その向こうにたけのこ岩がニョッキと突き出ています。実は、たけのこ岩も枕状溶岩でできていて、それが模様となりどことなく、たけのこの皮の雰囲気を醸し出しています。自然はときとして、こんなにもおもしろいものをつくるのです。

たけのこ岩周辺の枕状溶岩は黒っぽいものでしたが、この海岸では、変質の具合によってか、赤っぽくなっているものも見られます。**写真10-10**です。枕状溶岩って、思いのほかカラフルなのです。

▶たけのこ岩付近にある、かんらん石の砂

たけのこ岩の近くには、ちょっとした砂浜が広がっています。その砂を観察し、特に色合いをていねいに見ていくと、緑色を帯びたところが見つかるでしょう。**写真10-11**はそこの部分を拡大して撮ったものです。古銅輝石からなる父島（初寝浦）のうぐいす砂に似ていますが、ここの鉱物はそれではありません。実は、かんらん石の砂粒なのです。かんらん石は、英語ではオリビン（Olivine）といいます。鉄成分が少なくマグネシウム成分の多いかんらん石は、オーリブ（Olive）色を呈するので、この英名があります。このようなオリーブ色（黄色みのある、くすんだ緑色）のかんらん石がたくさんあることから、ここの砂は緑色を帯びているのです。

それにしても、このかんらん石はどこから来たので

写真10-9｜波食棚の枕状溶岩とたけのこ岩

たけのこ岩もよく見ると、白い筋が入り、枕状溶岩でできていることがわかる。

写真10-10｜赤っぽい枕状溶岩

キノコの傘を上から見ているようでもあり、おもしろい。

写真10-11｜緑色っぽい砂

かんらん石の砂粒が多いため、全体的に緑色を帯びて見える。

写真10-12｜立体的な枕状溶岩
写真中央やや左で新たな枕状ローブが流れ出したように見える。

しょうか。周辺の枕状溶岩は、砂になるような大きめのかんらん石を特に多く含んでいるようには見えません。この答えについては、後ほど紹介しましょう。

▶立体的な枕状溶岩もある

これまでの紹介から、ここの枕状溶岩は断面での観察がメインと思われるかもしれません。しかし、この海岸でも枕状溶岩が断面をさらすことなく、立体的に見えているところはあります。例えば、たけのこ岩の西方、沢崎鼻灯台の下付近では、**写真10-12**のように、立体感のあふれる枕状溶岩が観察できます。この写真のものは、1つの枕状ローブの脇腹から別のローブが流れ出しているように見えますね。なかなか興味深い形態です。

この付近の露頭では、枕状溶岩は**写真10-13**のごとく多少ボコボコしていて、これはこれで趣があります。また、この写真からわかるように、露頭の上部では枕状溶岩はなくなり、火山砕屑物の層と見られるものになります。この海岸では、枕状溶岩の上位には、このような層が重なるようです。

沢崎鼻灯台の下付近には、さらに興味をかき立てられるものがあります。**写真10-14**です。写真中央の枕状ローブは、内部が凹んで中空になっていますね。写真では中空の断面形状は丸く見えますが、現地で観察すると半月形に近いものです。写真左上と右上には、内部の上部がはっきりとした薄い半月状の空洞になっている枕状ローブもあります。この近くでは、**写真10-15**のように深々と開いた穴のようになっているものも見られます。この断面形状は半月形ではありませんが、底の部分は平らに近くなっています。

枕状ローブが固まるとき、内部にあった溶岩が流れ出てしまい、このような中空をつくったのでしょう。薄い半月状の空洞は、溶岩の一部が流出したことでできた上部のすき間なのかもしれません（後々になって内部の一部が崩れて、空洞になった可能性も否定できませんが）。

▶日本海形成の名残？　非常に珍しい岩石

この海岸には枕状溶岩以外の見どころもあります。岩脈とは、写真8-1（85ページ）のように、マグマが地層にほぼ垂直に近い形で貫入したもののことです。その一方で、地層にほぼ平行か緩い角度でマグマが貫入したものは「岩床（がんしょう）」と呼ばれます。実は沢崎付近では、

写真 10-13｜**立体的な枕状溶岩の露頭**

写真下半にボコボコとした立体的な枕状溶岩が見える。上方には枕状溶岩は見られない。

写真 10-14｜**中空の枕状ローブ**

枕状溶岩の断面が見える露頭である。写真中央に中空の枕状ローブがある。また、写真左上と右上にも、内部の上部が薄い半月状の空洞になっているものが見える。

写真 10-15｜**深々とした穴が開いた枕状ローブ**

深々とした穴であるが、内部にあった溶岩の流出でできた可能性がある。

写真10-16｜神子岩
枕状溶岩が広がる波食棚から北を望むと、写真のような神子岩が見える。

岩床が見られます。

枕状溶岩の広がる波食棚の北には、海に突き出たちょっとした高まりが見えます（**写真10-16**）。これは神子岩（みこいわ）と呼ばれています。この神子岩、実は岩床が侵食されたものなのです。しかも、ここの岩石は地学的にすごい、というか珍しいものです。少し説明しましょう。

写真10-17をご覧ください。神子岩です。黒っぽい岩石（岩床）に、ほぼ垂直な柱状節理が入り、写真の下の方には崩れた柱状の岩塊がたくさん積み重なっています。水平近くか緩い角度でマグマが貫入してきて、冷え固まるときにこのような柱状節理ができたと考えられます。この写真をよく見ると、柱状節理と直交する方向にも縞模様が見えます。これは割れ目ではなく、マグマが冷え固まるときにできた、層状の構造とみられています。

さて、この岩石は玄武岩なのですが、実はかんらん石の斑晶を多量に含んでいます。かんらん石の斑晶は岩床の下部では40%〜60%にもなります。**写真10-18**は海岸に露出していた岩石を撮影したものです。黄色っぽい薄緑色の粒がかんらん石の斑晶です。すごい量になっていますね。このかんらん石にはマグネシウム成分がかなり入っています。そのため、ここの玄武岩のマグネシウム（MgO）の量は最大で30%を超えるようです。ちなみに、通常の玄武岩では、MgOの量は6%くらいです。

ところで、この岩床の上部では、かんらん石の斑晶は20%以下に減少します。このため、下部の異常に多いかんらん石は、マグマ中で晶出・沈降して集積したものと考えられているようです。このような重力によるかんらん石の移動が見られるものの、やはりここの玄武岩にはMgOの量が多く、特異です。地球上でマグネシウムが多いところはマントルですので、ここでのマグマの活動があった当時、地下で何か普通ではないことが起こったのかもしれません。

というのも、ここで紹介した枕状溶岩や岩床は、今から1400万年前（新第三紀中新世の中期はじめ頃）のものです。この時期は、地下での活発なマグマの活動などによって日本海が形成された直後の時代でもあります。具体的なことはまだよくわかっていませんが、少なくとも日本海の形成に関係したマグマの活動によって、小木海岸の枕状溶岩や岩床ができたとみられています。

岩石名についても少し触れておきましょう。かんらん石を50%以上含む火山岩を「ピクライト」といい、50%〜20%のものを「ピクライト質玄武岩」と呼びます。この分類にしたがうと、この岩床の岩石は、ピクライトないしはピクライト質玄武岩となります。このような岩石は、ボニナイトほどではありませんが、とても珍しいものです。

ここで、もう1つ記しておかなければならないことがあります。たけのこ岩近くの砂浜で見た緑色っぽい砂のことです。この砂は、主にかんらん石でしたね。

写真10-17｜**神子岩の柱状節理と層状の構造**
神子岩を下から見上げて撮影したもの。垂直な柱状節理と、水平方向の層状の構造が特徴的である。

写真10-18｜神子岩の岩石
黄色みを帯びた多量の粒が、かんらん石の斑晶である。

お察しの通り、かんらん石の砂粒はこの岩床からきたものとみられています。

▶記念すべき「枕状溶岩 発祥の地」

さて、ここまで野外で見られる小木海岸の枕状溶岩のようすを中心に紹介してきました。その一方で、ここの枕状溶岩については触れておくべき歴史的な経緯があります。実は、かつて小木海岸を調査した人が、ここの岩石こそ海外でpillow lavaと呼ばれているものに相当するとして、1934年に、これに対して「枕状溶岩」という用語を日本ではじめて正式に使ったのです（参考文献[105]）。この文献には、

> 「その後幾多の文献によって本岩が学名をpillow lavaと呼ぶべきことを知ったので、本報告には、ただちにその訳名をとって、枕状溶岩とした次第である」（一部、漢字などを現代的な用法に改めた。以下同様）

と記されています。また、

> 「枕状熔岩の発見は実に小木のものをもって本邦での嚆矢（こうし）とするものである」

ともあります。嚆矢とは、物事のはじまりのことです。そして、文献には上記の沢崎周辺の枕状溶岩や地質が詳細に記載されています。さらに興味深いことに、枕状溶岩は急冷により中心部分から外側へ成長し、そのようすを樹幹の年輪に例えるような記述が見られます★。枕状溶岩のでき方に関する、当時の考え方を垣間見るようで興味深いですね。

以上のことから、小木海岸は「枕状溶岩 発祥の地」といえるでしょうし、この意味で、筆者おすすめの枕状溶岩として、ここのものははずせません。なお、正式な報告は見当たらないものの、この頃には、小木海岸とは別の地域でも枕状溶岩が知られていたようです。その枕状溶岩については、第11章で紹介しましょう。

★枕状溶岩は、ある程度の量の溶岩が水中にどっと出て、それが外側から冷やされ固まっていくことで形成されます。したがって、その形成には、外側に溶岩が付け加わっていくという、年輪のような成長イメージはありません。

▶筆者選定の「日本三大枕状溶岩」

第8章から本章において、北日本や東日本を中心に、筆者がこれまで見てきたうちで、特にすばらしいと感

じた枕状溶岩を3つ紹介しました。ところで、世の中では、いろいろな分野で、すばらしいものを3つ取り上げて「三大何とか」と呼ぶことが多いようです。例えば、日本三大河川とか三大砂丘、あるいは三大温泉（三大名泉）などといいます。であれば「日本三大枕状溶岩」なるものがあってもいいように思います。

ということで、筆者の主観が多分に入って恐縮ですが、ここまでに紹介した根室花咲岬、小笠原諸島父島、佐渡島小木海岸の枕状溶岩を、個人的に日本三大枕状溶岩と呼んでいます。

枕状溶岩は魅力的です。次章と最終章において、もっといろいろな枕状溶岩をご覧に入れましょう。

もっと知ろう4　マグマの発生とプレートテクトニクス

▶プレートテクトニクスという考え方

もっと知ろう3の最後で記したように、地球上で火山のあるところは限られます。火山のある場所は大きく分けると、3つのパターンがあります。「海底の山脈のようなところ」、「ハワイのようなピンポイントのところ」、そして「日本列島のようなところ」です。この3つのパターンの場所には、マグマの発生について、どのような条件が備わっているのか、また、なぜこの3つのパターンに限られるのか。これらのことを理解するには、「プレートテクトニクス」という考え方を知っている必要があります。

プレートテクトニクスは、地震、火山活動、大規模な地形や地質の構造など、地球上で見られるさまざまな地学的な事象を統一的に説明できる考え方（基本的な枠組み）です。まずは、この概要を紹介しましょう。

プレートテクトニクスの考え方はシンプルです。これは「地球の表面は、厚さ数十kmから100kmほどの固い板（プレート）によって、すき間なく覆われていて、しかもそれぞれのプレートは異なる向きに動く」というものです。プレートテクトニクスでは、場合によっては大洋や大陸にも匹敵する大きさのプレートが年間数cmかそれ以下という、ゆっくりとした速さで動くとされます。

さらに、それぞれのプレートは異なる向きに動くわけですから、プレートどうしの典型的な動きとして、3つの種類のものが考えられます。つまり、プレートどうしが「離れ合う」、「ぶつかる」、「すれ違う」です（**図10-2**）。そして、それぞれの動きに応じてプレートどうしの境界（「プレート境界」）もあり方が異なります（**図10-3**）。実は、このプレート境界がとても重要で、

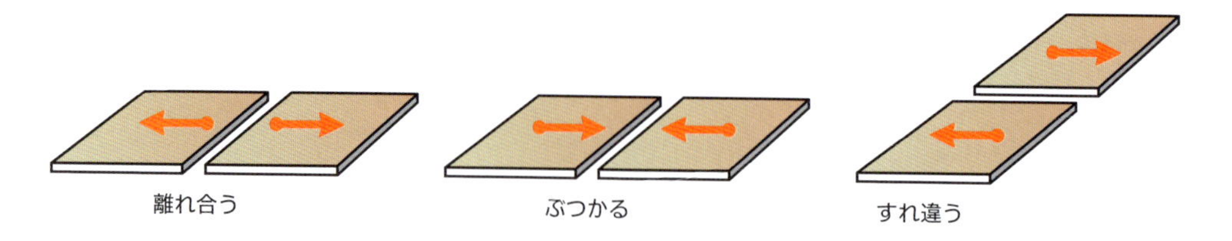

図10-2｜
プレートどうしの3種類の動き
参考文献[43]を参考にして作成したもの

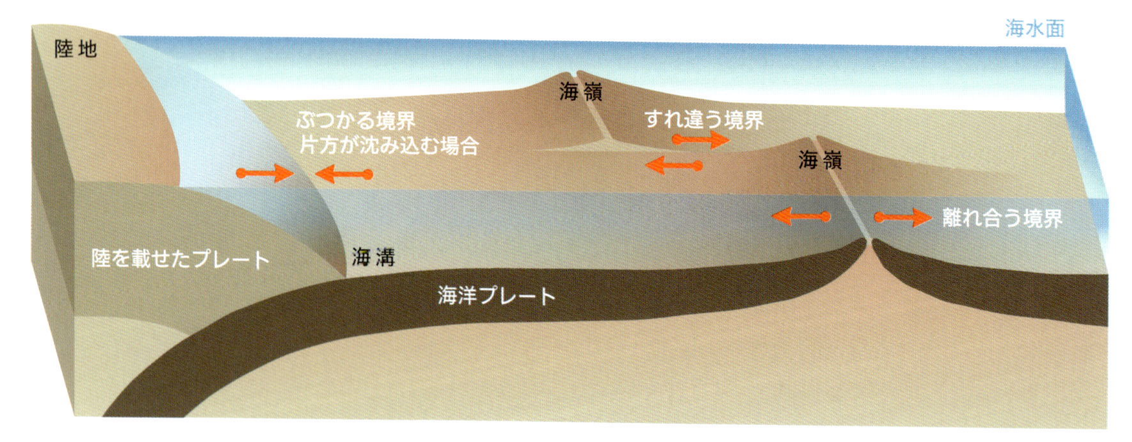

図10-3｜
3種類のプレート境界
図10-2のようにプレートを単なる板状のものとしてでなく、プレート境界付近で見られる海底地形（海嶺、海溝など）も考慮して描いた。
参考文献[43]を参考にして作成したもの

そこでは火山活動をはじめとする、さまざま地学的な事象が起こるのです。また、図10-3で「海洋プレート」と記されているものが、このような地学的な事象を考える上で、1つのキーになっています。ということで、以下ではこの海洋プレートの誕生からその終わりまでを、主にマグマの発生と火山活動の観点から説明しましょう。

▶海洋プレートを生む「離れ合う境界」

海洋プレートが誕生するのは、図10-3のプレートどうしが離れ合う境界です。ここは「海嶺（かいれい）」などの海の山脈に相当する場合が多いようです。これは前述の、火山ができる3つのパターンのうち「海底の山脈のようなところ」になります。**図10-4**の右端をご覧ください。ここでは、2つのプレートが離れてできたすき間部分を補うように地下深部（マントル）から熱い岩石（かんらん岩）が上昇してきて、その一部が溶けて（部分溶融して）マグマをつくります。この場合、主に岩石

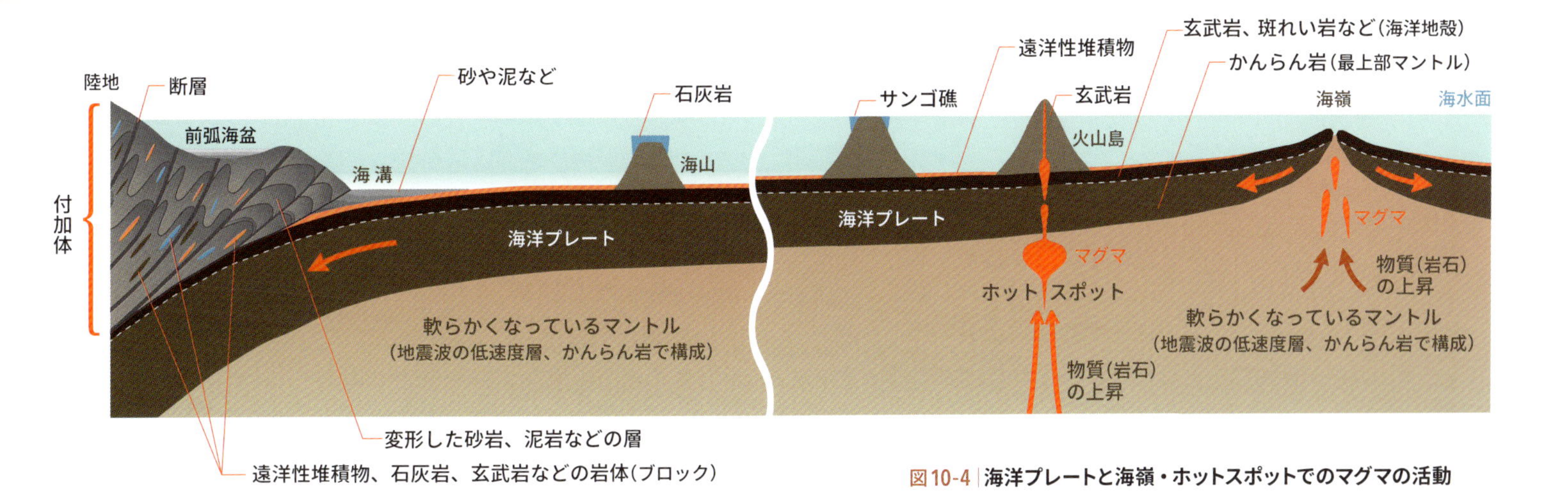

図10-4｜海洋プレートと海嶺・ホットスポットでのマグマの活動

この図では地球の曲率(曲がり具合)を考慮せず、また海底の深さを誇張する一方で海洋プレートの厚さは矮小化してあり、かなりデフォルメして描かれている(地形や地質構造なども概念的である)。

参考文献[51]、[61]などやインターネット上の情報も参考にして作成したもの

が上昇することにともなう圧力低下のせいでマグマができるようです。図7-2(83ページ)の矢印Bで示した効果ですね。このようなマグマが地下浅所で固化して、海洋プレートをつくり、その上面は海洋底になります。

この離れ合うプレート境界では、上から順番に、海底に噴出した玄武岩、その下に岩脈群(マグマが海底に至らず貫入の状態で固結したもの)、そして斑れい岩(地下でマグマが固まったもの)ができて、さらにその下位にはマグマ成分が抜けたかんらん岩(部分溶融のときの溶け残り)など[*1]があるとされています。マグマ成分が抜けたかんらん岩とは、マグネシウム成分により富んだかんらん石などからなるものです。

もっと知ろう3で説明したように、上記の斑れい岩とかんらん岩では、地震波が伝わる速度が異なるため(かんらん岩の方が地震波の速度は大きい)、両者の間に海洋での地殻(「海洋地殻」)とマントルの境界が引かれます(図10-4の海洋プレート中の白い破線)。海洋地殻は、厚さが数kmと薄く、玄武岩や斑れい岩といった玄武岩質の岩石からなり、平均密度は3.0g/cm^{3}くらいです(表9-1説明文も参照、112ページ)。その下のかんらん岩の平均密度は3.3g/cm^{3}くらいになります。

ちなみに、海洋地殻とマントルの境が海洋プレートの下面というわけではありません。プレートは、海洋地殻だけでなく、マントル上部の一部を含む領域にまでまたがっています。マントル上部には、地震波の伝わる速度がやや小さくなるところ(「低速度層」)があり、ここでは岩石が流動的で軟らかくなっていると考えられています(図10-4の海洋プレートの下方部分)。プレー

トは“固い板”ですので、その軟らかいところ（低速度層）の上までが海洋プレートということになります[*2]。なお、この軟らかいところでは、ごく微量の部分溶融が起きているという見方もあります。

さて、離れ合うプレート境界の海底に噴出した玄武岩の中には、あの枕状溶岩を大量につくることがあるでしょう。さらに、この付近では、地下にひっぱりの力がかかることによって、あるいは冷却による岩石の収縮によって、割れ目がかなり発達しています。そして、このような割れ目を通って海水が海底下に進入し、高温の岩石と触れることで熱せられ、再び海底に噴出するという、活発な「熱水循環」が起こっています。また、これにより水と岩石が反応して、多くの含水鉱物もつくられます[*3]。

離れ合うプレート境界では、海洋プレートができるわけですから、ここで発生するマグマの量は相当なものです。地球上のマグマの約7割がここで生まれるともされています。これは見方を変えれば、海底を含む地球表面付近に、いかに玄武岩が多いかを物語る数字でもあるでしょう。

★1　一部には、かんらん岩から変質した蛇紋岩もあるようです。

★2　結局、海洋プレートは、海洋地殻（主に玄武岩質の岩石）とその下のかんらん岩などからなります。そして、このような岩石で構成される海洋プレートは、陸をのせたプレートと比べると、かなり重たい（密度が高い）ものです。

★3　水と反応する岩石が玄武岩や斑れい岩の場合、含水鉱物として、角閃石、雲母、緑泥石（りょくでいせき）などといったものがつくられることになります。これらの鉱物は水酸基OHを持ちます。

▶プレートの下からマグマが上昇する場所

誕生した海洋プレートは、海嶺から離れるように動き、その表面は海洋底になります。ここには、プランクトンの遺骸や、陸から風にのって飛んでくる微細な泥などがゆっくりと堆積します。つまり、玄武岩の枕状溶岩などの上に、これらの遠洋性の堆積物が重なるのです。

このような海洋プレートで、突如として火山島ができることがあります（図10-4中央右寄り）。これが先に述べた火山ができる3つのパターンのうち「ハワイのようなピンポイントのところ」です。このような火山活動は玄武岩質マグマによるもので、海面下の噴火では枕状溶岩をつくることもあります。

この火山活動のマグマの源は、海洋プレートよりもずっと下の方にあるようです。つまり、海洋プレートを突き破ってマグマが上昇してくるのです。このため、火山活動が起きる場所はプレートが動いても影響されずにほぼ固定されています。もし、海洋プレート内の上部マントルのように、浅いところでマグマが発生していれば、活動している火山島自体がプレートと一緒に動いていくでしょう。しかし実際にはそうではなくて、プレートが動き、マグマの上昇する場所から離れると、火山島の活動は止まってしまいます。火山活動がなくなれば、火山島は侵食されて低くなっていき、場合によってはそこにサンゴ礁が発達します（図10-4中央）。

ここでの火山活動のマグマは、マントルのかなり深部から物質（岩石）が上昇することによる圧力低下でできるとみられています。このようなところは「ホットスポット」と呼ばれています（図10-4にある火山島の下でマグマができるところ）。ハワイ島やガラパゴス諸島などがホットスポットの例です。ホットスポットは海洋だけでなく陸域でも確認されています。そして、地球上のマグマの1割ほどがホットスポットで生まれているとみられています。また、火山島などのホットスポットでは、通常の玄武岩のほかアルカリ玄武岩も噴出することがあるようです。

▶海洋プレートの終着地、海溝とトラフ

海洋プレートは、海嶺で生まれた後、移動するとともに徐々に冷やされ、プレートの密度や厚さが増していきます。つまり、海洋プレートはだんだんと重くなるのです。そして、重くなるにしたがって海洋プレート全体が沈んで海底も深くなります。このため、活動を止めた火山島は次第に沈下していき、やがて海山になります（図10-4中央左寄り）。

地球の表面は、プレートですき間なく覆われているため、このような海洋プレートは、どこかでほかのプレートとぶつかっていることもあるでしょう（「ぶつかる」のほかには「すれ違う」もあります）。このとき、例えば陸をのせたプレート[★1]とぶつかれば、より重い岩石からなる海洋プレートの方がその下へと沈み込んでいきます。あるいは、誕生して間もない海洋プレートと出会った場合も、古くて重たい海洋プレートの方がその下に沈み込んでしまうでしょう。海洋プレートが沈み込む直前には、海底も非常に深くなっているため、そこは海の深みである「海溝」や「トラフ」と呼ばれる場所になります[★2]。

ユーラシア大陸の東方にある日本列島の場合、その太平洋側の沖合では、日本海溝などで太平洋プレートが、そして南海トラフなどでフィリピン海プレートが日本列島をのせたプレートとぶつかって、その下へ沈み込んでいます（**図10-5**）。太平洋プレート、フィリピン海プレートはともに海洋プレートです。ところで、太平洋プレートとフィリピン海プレートも互いに、伊豆・小笠原海溝でぶつかります。つまり、ここでは海洋プレートどうしがぶつかっているのです。そしてこの場合、太平洋プレートの方が古くて厚く重いため、太平洋プレートがフィリピン海プレートの下に沈み込むことになります。

★1　陸をのせたプレートでは、地殻の厚さが数十kmもあり、その上部には軽い花崗岩などの岩石（花崗岩質の岩石：平均密度2.7g/cm³くらい）、下部には玄武岩質の岩石（平均密度3.0g/cm³くらい）があるとされています（表9-1説明文も参照、112ページ）。陸をのせたプレートは「大陸プレート」ともいいます。

★2　海溝やトラフは海底の細長い凹地です。トラフの方が海溝に比べて浅く幅は広いとされています。以下では、トラフも含めた意味で海溝という語を用います。ただし、南海トラフといった固有の名称の場合は除きます。

▶海洋プレートの沈み込みと付加体

海溝で海洋プレートが沈み込んでいくとき、このプレートにのっていた堆積物や岩石がはぎ取られて、陸側に付け加わることがあります。図10-4の左端には、その状況を描いています。このようにしてできた地層や岩石は「付加体」と呼ばれます[★]。付加体については、

拙著になって恐縮ですが、参考文献[18]や[54]で詳しく紹介しています。参考にしてみてください。ちなみに、そのような堆積物が海洋プレートと一緒に沈み込んでしまい、付加体が形成されていないこともあります。日本列島周辺では、フィリピン海プレートが沈む込む南海トラフでは付加体が形成され、太平洋プレートが沈み込む日本海溝では形成されてないようです。

ところで、図10-5で示したように、日本列島周辺は、複数の海洋プレートが沈み込む場です。そして、ご存じのとおり日本列島には数多くの火山があります。つまり、地下深部でたくさんのマグマができています。日本列島のような、ぶつかって沈み込むプレート境界も、多くのマグマが発生している地域なのです。先に述べた火山ができる3つのパターンのうち「日本列島のようなところ」とは、沈み込むプレート境界のことです。沈み込むプレート境界では、地球上のマグマの2割ほどが生まれているともいわれています。このプレート境界でのマグマの発生については後ほど、**もっと知ろう5**で詳しくお話ししましょう。

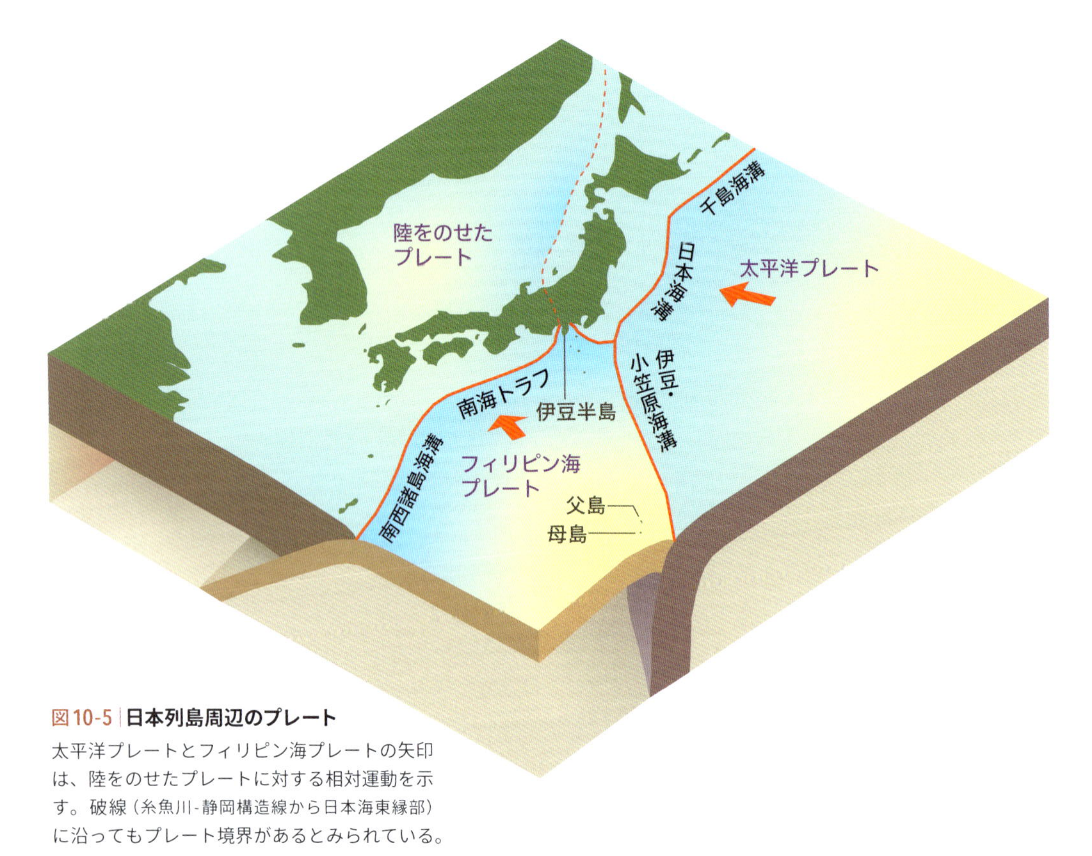

図10-5 | 日本列島周辺のプレート
太平洋プレートとフィリピン海プレートの矢印は、陸をのせたプレートに対する相対運動を示す。破線（糸魚川-静岡構造線から日本海東縁部）に沿ってもプレート境界があるとみられている。
参考文献[98]を参考にして作成したもの

★ 枕状溶岩は海洋プレートの上層を構成する岩石の1つであるため、付加体には枕状溶岩も見られます。グリーンランドのイアス地方では、約38億年前（先カンブリア時代、太古代のはじめ頃）の枕状溶岩が発見されています。地球の年齢は約46億年ですので、これはかなりの古さです。枕状溶岩の存在から、この時期にすでに海洋があったとみられています。さらに、その枕状溶岩は付加体中のものと考えられ、この頃すでにプレートテクトニクスがはじまっていたという推論もあります（参考文献[121]）。枕状溶岩は地球の歴史を語る上で大事な証拠となるのです。

第11章 枕状溶岩めぐり 新しい時代編

▶枕状溶岩はまだまだたくさんある

ここまでの3つの章では、筆者が現地で見てきた枕状溶岩のうち、特におすすめなものを取り上げました。しかし、枕状溶岩の世界はもっと広く、そこには興味深いものがたくさんあります。この章でも、日本三大枕状溶岩に続いて、枕状溶岩の面々をいろいろ紹介していきましょう。

まずは、南関東から静岡・山梨方面の枕状溶岩をいくつかご覧に入れます。これらは比較的新しい時代の海洋プレートに関係した枕状溶岩です。ここで登場する場所、地質関係の地帯、あるいは山地などの位置については、**図11-1**にまとめました。適宜、参照してください。

▶千葉県鴨川市の海岸に枕状溶岩がある

これまでに紹介してきた日本三大枕状溶岩はすばらしいものですが、では首都圏在住の人が気軽に行けるところに見応えのある枕状溶岩はないのでしょうか。

実は、あるのです。場所は千葉県。千葉といえば、平均標高の低い土地柄で、もちろん火山はありませんし、溶岩とは無縁な地と思われるかもしれません。し

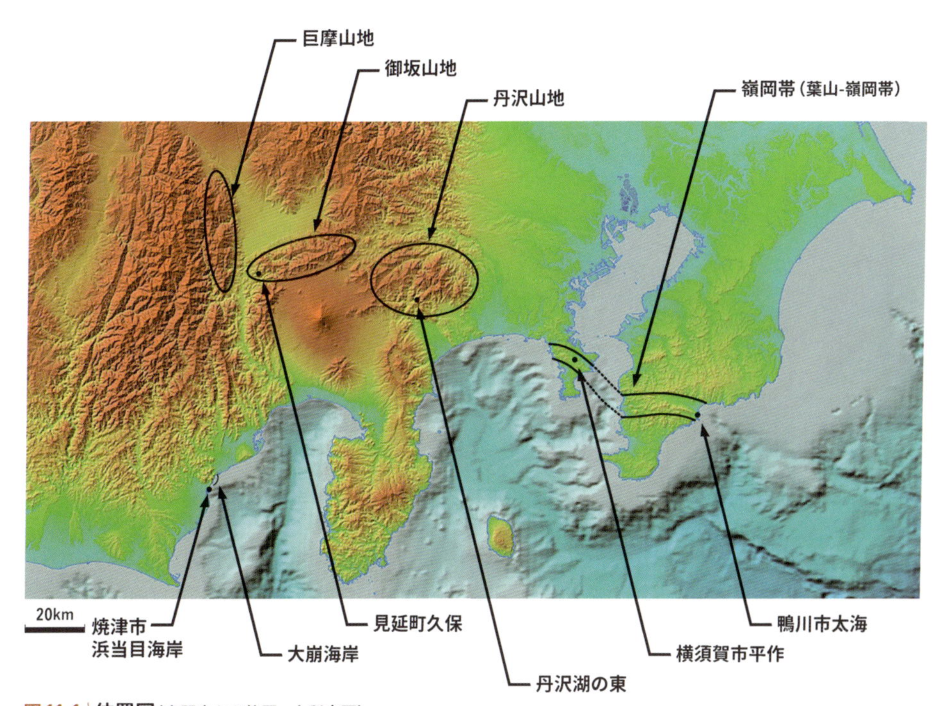

図11-1 | 位置図（南関東から静岡・山梨方面）

地理院地図（https://maps.gsi.go.jp）で色別標高図、陰影起伏図を合成して作成したもの
海域部は海上保安庁海洋情報部の資料を使用して作成されたもの

写真 11-1

県立鴨川青少年自然の家と周辺の海岸

海岸沿いの崖の上にある施設が鴨川青少年自然の家である。荒波が打ち寄せる海岸は岩場になっていて、そこに枕状溶岩が露出する。

写真 11-2

塚のように積み上がった枕状溶岩

この海岸で一番目立つ枕状溶岩であるが、侵食により年々崩れているようだ。

写真11-3｜枕状溶岩の断面

枕状ローブに割れ目がちょうどいい具合に入り、
堅焼きのげんこつ煎餅のようである。

写真11-4｜立体的な枕状ローブ

枕状ローブの先端から手前に溶岩が流れ出そうとしている一方で、胴回りが少し陥没している。先端から流れ出そうとしている部分は、以前にサンプル採取されたのか、残念ながら欠けている。

かし、千葉県の南部、すなわち房総半島の南半分はそこそこ険しい地形で、思いのほか、いろいろな地層や岩石が露出しています。

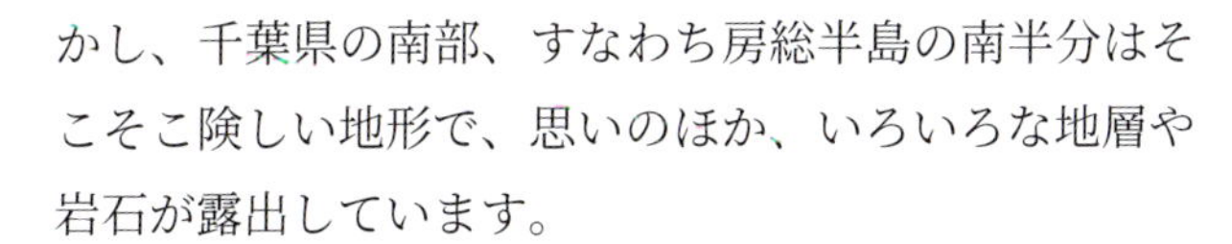

ということで、最初に登場する枕状溶岩は、千葉県鴨川市の太海（ふとみ）で見られるものです（位置は図11-1参照）。鴨川の市街地の南に「県立鴨川青少年自然の家」という施設があり、ここや周辺の海岸では、すばらしい枕状溶岩を満喫することができます（**写真11-1**）。

鴨川青少年自然の家の下には、岩石の露出した海岸があって、太平洋の大波・荒波が打ちつけています。**写真11-2**をご覧ください。波打ち際近くに、塚のような盛り上がりが見えますね。これは枕状溶岩が積み上がったものです。枕状ローブの表面が見えるものや、侵食で断面が出ているところもあります。さらに波打ち際では、枕状溶岩の断面がもっときれいに出ていたりします。例えば**写真11-3**を見ると、枕状ローブ断面に割れ目がちょうどいい具合に入っていて、堅焼きのげんこつ煎餅を見ているようですね。

波打ち際から離れたところでは、立体的な形状がよくわかる枕状ローブが積み重なっています。**写真11-4**

写真 11-5｜切り割りの枕状溶岩
枕状ローブの立体的な形状がよくわかる。筆者はこれを見て、ピロー（西洋式の枕）に似ていることが実感できた。鴨川の枕状溶岩を象徴するものといえる。

は、そのようなものの1つです。これが興味深いのは、枕状ローブの先端で溶岩が少し流れ出して小さなローブができそうになっている一方で、元のローブの胴回りがやや陥没しているところです。枕状ローブから溶岩が少し流れ出し、凹んでしまったのでしょう。

▶鴨川の枕状溶岩は海嶺で生まれた？

鴨川青少年自然の家でも、すばらしい枕状溶岩を見ることができます。この施設の正面入口近くには「鴨川の枕状溶岩」の説明板もありますし、また施設内の道路の切り割りには、**写真11-5**のように立体的な形状のよくわかる枕状溶岩が保存されています。写真のものは、まさにちょっと長めの枕（ピロー）といった感じですね。これは、いってみれば鴨川の枕状溶岩を象徴するものでしょう。海岸の枕状溶岩は年々侵食されて劣化しているように感じますが、ここのものはいつ見ても変わりません。

鴨川の枕状溶岩は、4000万年～3000万年くらい前（古第三紀始新世から漸新世）のほか、約8500万年前という、もっと古い時代（白亜紀後期）のものも報告されています。ここの枕状溶岩は、地質学的には「嶺岡帯」と呼ばれるところにあります（図11-1）。嶺岡帯は、房総半島南部を東西に横切って延びていて、そこにはこの地域でもっとも古い時代の地層や岩石が分布しています。岩石としては、枕状溶岩（玄武岩）や斑れい岩、そして蛇紋岩などといった海洋プレートを連想させるものがあり、それらが断層で断ち切られつつ、ブロック状の岩体としても存在しているのです。

ここの枕状溶岩は、化学組成などから、海嶺のような海洋プレートが生まれるところで噴出したものと推定されています。その場所は、今よりもずっと南方でした。それが、海洋プレートの移動、その沈み込みにともなう陸側への付加、さらに付加体内での大規模な断層運動などを経て、今ここにあるとみられています。つまり、この枕状溶岩は、かなり複雑な経過をたどって、現在の場所に来たと考えられるのです。

写真11-6｜川沿いの露頭
護岸の整備された平作川沿いに枕状溶岩の露頭がある。この破格な扱いはすごい。

▶破格な扱いの「三浦枕状溶岩」

嶺岡帯は「葉山－嶺岡帯」とも呼ばれます。葉山は、神奈川県の三浦半島にある地名です。つまり、嶺岡帯は、東京湾の入口を西へ越えて、三浦半島にまで延びているのです。そして、三浦半島でも枕状溶岩が見られます。

写真11-6をご覧ください。場所は、神奈川県横須賀市の平作です（位置は図11-1参照）。ここの万葉公園を流れる平作川はコンクリート護岸になっていますが、一部だけ窓状に露岩が見えています。実は、ここの部分が枕状溶岩の露頭なのです。これには「三浦枕状溶岩」という名も与えられています。それにしても、よくぞここまでして枕状溶岩を残してくれたと、大いに感心しました。

このような露頭ですが、枕状溶岩自体は、**写真11-7**

写真11-7 | **三浦枕状溶岩**
枕状ローブとみられる塊が溶岩の破片などの堆積物中にある。

のごとく、ちょっとわかりづらくなっています。いくつかの枕状ローブの岩塊が、溶岩の破片などの堆積物中にあるのが、なんとか、わかります。このような産出の状況から推察すると、枕状溶岩が一度崩れて堆積したのかもしれません。

ここの枕状溶岩の時代は、5000万年くらい前（古第三紀始新世）とされています。岩石はアルカリ玄武岩で、火山島をつくるようなホットスポットで噴出した可能性があるようです。ちなみに、写真1-23（28ページ）で紹介した蛇紋岩は、三浦半島側の葉山－嶺岡帯で見られるものです。

▶なぜ丹沢山地に枕状溶岩があるのか

さて、三浦半島の相模湾を挟んだ対岸に伊豆半島があります。伊豆半島はフィリピン海プレート上にあって、本州側と衝突したという話を聞いたことがある方も多いでしょう。図10-5（136ページ）でも、伊豆半島の位置とフィリピン海プレートの運動方向から、そのようすがうかがえます。伊豆半島の部分は、火山が多く地殻も厚いため、本州側の下へなかなか沈み込めず、衝突という形になっているのです。そして、伊豆半島の南では、伊豆諸島から小笠原諸島の西側にかけて、火山が南北方向にずっと列をなしています。

ところで、伊豆半島は、およそ100万年前に本州に衝突したとみられています。そして、興味深いことに、それ以前の、今から500万年前にも、同様な衝突があったとみられているのです。では、このときに衝突したものはどこにあるのでしょうか。

実は、伊豆半島の北に位置する丹沢山地がそれだとされています（図11-1）。そして、この丹沢山地では、衝突のずっと以前に海底で噴出した枕状溶岩が何カ所かで見られるのです。今回は、その中でも目を引く面構えをした枕状溶岩を紹介しましょう。

▶現代アートのような丹沢の枕状溶岩

写真11-8をご覧ください。「何だこれは」と思われるかもしれませんが、これも枕状溶岩です。表面を水で濡らしたために、枕状溶岩がつくる模様が美しく強調されています。近づいてアップで撮影すると、**写真11-9**のごとく、現代アートのようになりました。枕状ローブ断面が流れるように配され、ローブの内部から外へ色のグラデーションが見られます。そして枕状

写真11-8｜**独特の色合いを有する枕状溶岩**
緑色を帯びた枕状ローブの間が薄い黄色に変質し、独特の外観になっている。

ローブ周縁（急冷層）の濃緑色と、ローブ間の淡黄色が好対照をなしています。見事な造形と配色ではないでしょうか。

この場所は、神奈川県山北町（やまきたまち）の丹沢湖東側です（位置は図11-1参照）。小菅沢川（こすげさわがわ）の川沿いになります。この枕状溶岩を含む地層は、丹沢層群の塔ヶ岳（とうがたけ）亜層群とされ、噴出した時代は1700万年前～1600万年前（新第三紀中新世の前期末）とみられています。この時代は、丹沢山地が本州と衝突するはるか以前のことですから、その頃にずっと南で起きた海底噴火の産物なのでしょう。このような背景を知れば、この枕状溶岩にアート性だけではなくロマンも感じます。

丹沢山地の枕状溶岩については、筆者はここ

写真11-9｜**現代アート？**
枕状溶岩の断面は、時としてアートのようになる。写真11-8中央下部を撮影したもの。

写真11-10 | **石積みのような枕状溶岩**
暗い木立の中、眼前に現れた枕状溶岩は、石積み（石塁）かと思われた。

のものしか見たことがありませんが、場所によっては立体的な形状がわかるものも露出しているようです。

▶丹沢より奥の山地にも枕状溶岩はある

丹沢山地の西北西、ちょうど甲府盆地の南東から南にあたるところに御坂（みさか）山地があり、さらに甲府盆地の西方には、櫛形山（くしがたやま）などからなる巨摩（こま）山地があります（図11-1）。御坂山地や巨摩山地も、丹沢山地と同様、かつてはフィリピン海プレート上の南方にあって、それらが北上して相次いで本州に衝突したものとする説があります。この多重衝突の考え方では、巨摩山地の衝突は1200万年くらい前、御坂山地のそれは900万年くらい前になるようです。とても興味深い説ですね。

筆者は以前、御坂山地の西端に近い、山梨県身延町（みのぶちょう）の久保というところ（位置は図11-1参照）で、見事な枕状溶岩を見たことがあります。**写真11-10**です。はじめてこれと出会ったとき、人の手による石積みに見えたくらいに、立体感のある枕状溶岩でした。近づいて見ると、**写真11-11**のように、うねる枕状ローブのようすが生々しいですね。

写真11-11｜立体感のある枕状ローブ
ボコボコしながらうねった感じの枕状ローブが、溶岩が流れた当時のようすを物語っている。

この枕状溶岩を含む地層は、西八代（にしやつしろ）層群と呼ばれ、1600万年前〜1200万年前（新第三紀中新世の中期）のものとされています。上記の説にしたがえば、この地層ができた後、今から約900万年前に本州側と衝突して、御坂山地となったことになります。今や薄暗い山中で見られる、この枕状溶岩も、ずっと南の海からやってきたと思えば、自然のすごさ、プレートの動きのすごさが、改めて感じられます。

▶静岡県大崩海岸周辺の枕状溶岩

フィリピン海プレートに関係した枕状溶岩をもう1つ紹介しましょう。静岡県静岡市から焼津市にかけて延びる、大崩（おおくずれ）海岸で見られるものです（位置は図11-1参照）。大崩海岸はその名の通り、海に崩れやすい急峻な崖が迫るアクセスの難しいところです。ここでは、その南端付近に位置する、焼津市の浜当目（はまとうめ）海岸の枕状溶岩を取り上げましょう。浜当目海岸での見学は容易です。

a｜浜当目海岸北端の急崖（枕状溶岩の露頭）

b｜急崖の拡大

写真11-12｜浜当目海岸
写真のaは浜当目海岸の北端に位置する急崖である。拡大して見ると（写真b）、枕状溶岩が"米粒"のように積み重なっているようすがわかる。

写真11-12aをご覧ください。浜当目海岸の北端で見られる断崖です。この断崖を拡大して見ると、写真11-12bのように一面に枕状溶岩が広がっているようすがわかります。ここから北へ、大崩海岸の急峻な地形が続きます。おそらく、大崩海岸でも、このように枕状溶岩が露出しているとみられます。

さて、この北端の断崖の手前（南側）には、観察に適した枕状溶岩の露頭があります。ここの露頭を注意深く見ていくと、なかなか興味深い産状に出くわします。**写真11-13**です。白い斑晶（斜長石）をたくさん含んだ枕状ローブがあり、その間には暗いグレーのものが取り巻いています。通常の枕状ローブ間にあるものとは、見た目がちょっと違いますね。何でしょうか。

写真11-13｜枕状ローブを取り巻くもの
白い斑晶（斜長石）を含んだ枕状ローブを暗いグレーの岩石が取り巻いている。

その正体は、**写真11-14**を見るとわかります。この写真の左下から右上へ、岩脈が貫入しています。岩脈は、一部の枕状ローブを壊すように入っています。この岩脈の色を見ると、写真11-13の枕状ローブ間のものと同じですね。そして、写真11-14の下方、中央左寄りでは、岩脈（の岩石）が枕状ローブ間（ローブの上方と下方）に入り込んでいます。つまり、枕状溶岩が積み重なった後に、別のマグマが入ってきて、枕状ローブの間を埋めてしまったとみられるのです。なかなか興味深い現象ですね。

写真11-14 | 別のマグマの貫入
写真左下から右上の方へ岩脈（暗いグレーの岩石）が入っている。枕状溶岩の形成後に、これを割るように別のマグマが貫入してきたとみられる。このマグマは枕状ローブを取り囲むようにも入っている。

▶大崩海岸の枕状溶岩の来歴と“由緒”

さて、大崩海岸とその周辺に広がる枕状溶岩は、竜爪(りゅうそう)層群という、火山岩などからなる地層中にあります。枕状溶岩の年代は、およそ1600万年前〜1550万年前（新第三紀中新世の前期末から中期のはじめ）とされています。そして、この枕状溶岩はアルカリ玄武岩なのです。化学組成の詳しい検討から、これらがフィリピン海プレートの火山島を構成していたという指摘もなされています。最終的には、このような火山島だったものが本州側へ衝突して付加したとみられます。

ところで、大崩海岸の枕状溶岩は、"由緒あるもの"といえるかもしれません。第10章で、1934年に佐渡島小木海岸のものが国内ではじめて枕状溶岩として報告されたと書きましたが、その一方で、ここで取り上げた枕状溶岩も、おそらくその頃から知られていたと思われます。というのも、1935年にこの報告者が、小木海岸以外の枕状溶岩について、

「本邦(ほんぽう)では東海道焼津海岸にその賦存(ふぞん)を聞くもその報告の有無は判然しない」

と記しています(参考文献[106])。つまり、国内で枕状溶岩自体がよく認識されていなかった頃から、東海道焼津海岸のものは、その特異な形態のためか、一部の人に注目されていたようです。もちろん、この記述中の「東海道焼津海岸」とは、大崩海岸とその周辺を示すものとみられます。

▶日本海の形成に関係した枕状溶岩

日本列島の成り立ちを振り返るとき、日本海の形成はとりわけ重要な出来事です。新第三紀中新世の前期(2000万年前〜1500万年前)頃に、大陸の縁辺部で本格的に亀裂が入って、そこが拡大して日本海になったとみられています。つまり、このときに大陸から切り離された部分が日本列島になったのです。

日本海の拡大中やその前後の時期は海底などで火山活動が活発でした。日本列島のあちこちで、この頃の枕状溶岩を見ることができます。第10章で取り上げた、佐渡島小木海岸のものもその1つです。ということで、そのような枕状溶岩を紹介しましょう。なお、以下で登場する枕状溶岩の位置は、**図11-2**(長野県上田市のものは図12-1、160ページ)に示してあります。

▶男鹿半島海岸のかぶき岩の枕状溶岩

まずは、日本海形成の前、大陸の縁辺部にあった頃の枕状溶岩をご覧に入れましょう。場所は、秋田県男

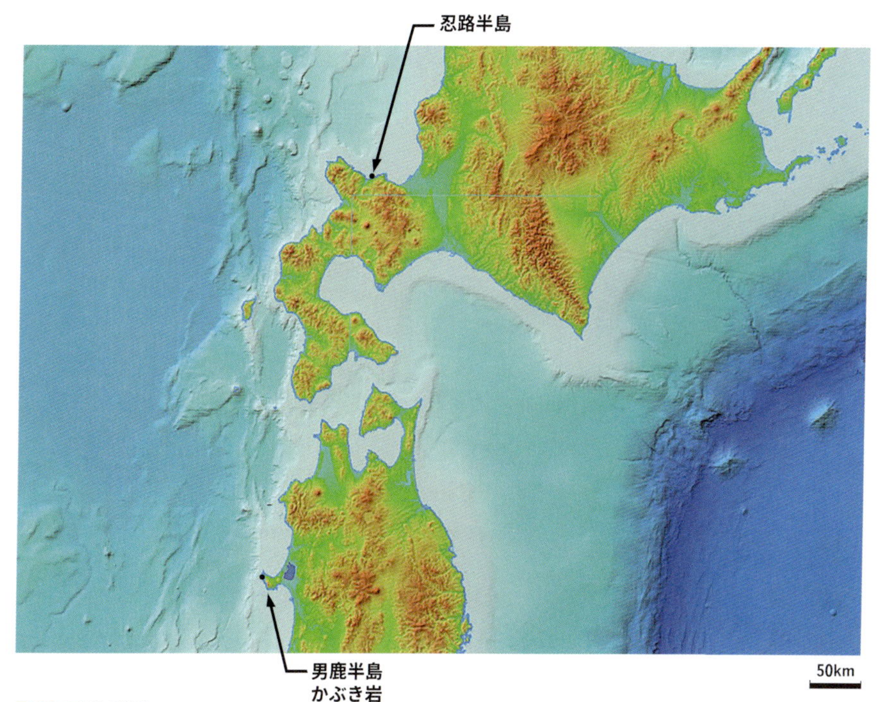

図11-2 | **位置図**(北日本方面)

地理院地図(https://maps.gsi.go.jp)で色別標高図、陰影起伏図を合成して作成したもの
海域部は海上保安庁海洋情報部の資料を使用して作成されたもの

写真11-15｜かぶき岩付近
周辺は枕状溶岩が広がる岩石海岸である。写真中央やや右寄りに特徴的な形をした岩が見える。これに近づいて撮影したものが写真11-16である。

写真11-16｜
溶岩の流れ落ち
写真をよく見ると、岩の頂の少し下付近から右下へ、溶岩がストンと流れ落ちているようすがわかる。

写真11-17｜
象のような岩
特徴的な形をした岩を写真11-16とは反対側から撮影したもの。流れ落ちる溶岩が象の鼻のように見える。

写真11-18｜**延びる枕状ローブ**
分岐しつつ、写真手前の方へ延びてきた溶岩ローブが見える。

写真11-19｜**気泡だったところを埋める鉱物**
枕状溶岩の気泡だったところを埋める、沸石と見られる鉱物。繊細な針状の結晶が美しい。写真の横幅約5cm。

鹿半島の海岸です（位置は図11-2参照）。ここに「かぶき岩」と呼ばれるところがあります。この付近には**写真11-15**のような岩石海岸が広がり、枕状溶岩とみられるものが観察できます。この写真で右寄りに写っている岩が目を引きますね。近づいてみると、**写真11-16**のようになります。注目していただきたいのは、岩の頂上のすぐ下、その付近から右下へ急に落ちるようになっているところです。枕状ローブがたれ下がったように見えませんか。**写真11-17**は反対側から撮ったもので、こちらの方がたれ下がりがよくわかるかもしれません。溶岩のたれ下がりは象の鼻のような感じですね。

この海岸では、立体的な枕状ローブがかなり長く延びているところも観察できます。**写真11-18**では、分岐しつつ長く延びた枕状ローブのようすがわかります。また、枕状溶岩の気泡だったところは、沸石と見られる白い鉱物で満たされています。これらは、**写真11-19**のように、小さいながらもちょっとアートっぽい形状を呈することもあり、恰好の撮影対象となってくれます。

▶日本海形成の前触れの火山活動？

この枕状溶岩は門前層という地層にあります。岩石は玄武岩に近い安山岩（玄武岩質安山岩）で、今から3500万年ほど前（古第三紀始新世の後期）のものとされています。枕状溶岩の近くには、当時の陸上で噴出し

写真11-20｜用水路沿いの露頭
用水路沿いの露頭であるが、オーソドックスな形態の枕状溶岩が見られる。

写真11-21｜枕状溶岩の断面
やや大きめの枕状溶岩の断面が見えている。露頭表面のコケなどで内部構造については不明瞭である。

た溶岩などもあります。そのため、この枕状溶岩は浅い水域で噴出したとみられています。これらの火山活動は、日本海形成の1000万年以上前のものですが、その前触れである可能性も指摘されているようです。

▶上田市の温泉地近くの枕状溶岩

次は、日本海の形成時に噴出したとみられる枕状溶岩です。**写真11-20**をご覧ください。川と用水路に沿って露頭が続いています。ここにかなり見応えのある枕状溶岩が露出しているのです。枕状溶岩の断面であれば**写真11-21**のように、また枕状ローブを立体的に見たければ**写真11-22**といった感じで、その基本的な形態を観察すること

ができます。

この場所は、長野県上田市の南西部（東内、虚空蔵）になります（位置は図12-1参照）。鹿教湯温泉へと続く国道254号から内村川に降りたところです（鹿教湯温泉の東方約5km付近になります）。この国道沿いには、目印

写真 11-22｜立体的な枕状ローブ
露頭では、写真のような立体感のある枕状ローブも見ることができる。

となる枕状溶岩の説明板が設置されていますし、国道からのアクセスは容易で、露頭も手入れされているのか、状態が良好です。鹿教湯や別所といった、上田市の温泉地を訪れた際に、立ち寄りたい場所の1つかもしれません。

枕状溶岩のある地層は内村層で、およそ1700万年前～1500万年前（新第三紀中新世の前期から中期のはじめ）のものとされています。岩石は変質した玄武岩です。当時は、日本海が急激に形成されていく時期で、海底の火山活動が活発だったとみられています。かなり深い海で枕状溶岩が流れ出し、その後の熱水の活動などで岩石が変質したようです。

写真11-23｜海岸沿いの露頭
露頭の下部は、波で侵食されて凹んでいる。

▶枕状ローブ流出時の表面構造残す枕状溶岩

日本海の形成後も、海底火山活動によって枕状溶岩が噴出したところがあります。**写真11-23**をご覧ください。海岸沿いに露頭が続きますが、その下部は波の侵食でえぐられて、ノッチになっています。そのような場所で興味深い枕状溶岩が見られるのです。

まずは、**写真11-24**です。現地で観察すると、露頭の奥から手前に（写真では右上から左下へ）伸びてきたように見える枕状ローブです。この枕状ローブの右下の部分は崩れていますが、それ以外ではローブの黒っぽい表面が残っています。そして、この表面には模様が観察できますね。実はこれ、枕状ローブの表面にできる溝のような構造なのです。この構造をよく見れば、枕状ローブの伸張方向、つまりその進んでいった方向

写真11-24｜枕状ローブ表面の模様 その1
写真右上側から左下側へ伸びてきたように見える枕状ローブである。枕状ローブの表面（黒っぽいところ）に溝のような模様が見える。

写真11-25 | 枕状ローブ表面の模様 その2
枕状ローブ表面の一部が見える。写真の右寄りでは、表面が剥がれて、その下にあるハチの巣模様（放射状節理によるもの）が出ている。

には、ある程度の間隔で浅い溝が走り、この溝と直交するように、ちりめん状の細かな割れ目もあることがわかります。

　ということで、ここの枕状溶岩は、表面構造の保存状態がとても良好なのです。**写真11-25**は、海岸に広がる地層の中に枕状ローブの一部が見えたものです。表面構造がかなり残っていますね。浅い溝の走り具合から、この溶岩ローブは、写真の左右方向に伸張しているとみられます。さらに**写真11-26**はどうでしょうか。枕状ローブのごく

写真 11-26 **枕状ローブ表面の模様 その3**
枕状ローブ表面のごく一部であるが、表面構造がクリアに見えている。

一部が残っているだけですが、非常に生々しく表面構造が見えています。写真の左右方向に枕状ローブが伸張しているとみていいでしょう。

▶粘性やや高かった忍路半島の枕状溶岩

この海岸の場所は、北海道小樽市になります。具体

写真 11-27 **隠し絵のような枕状溶岩**
一面岩塊だらけの露頭だが、注意深く見れば、枕状溶岩（楕円のもの）の積み重なりがわかる。枕状ローブとローブの間に白っぽい物質が細い線として続くので、ローブの輪郭がかろうじて追える。

的には、小樽市の西端で日本海に小さく突き出た、忍路（おしょろ）半島の西岸です（位置は図11-2参照）。枕状溶岩は忍路層という地層にあります。忍路層の時代は、新第三紀中新世の後期（1100万年前〜600万年前）とされ、これは日本海の形成から少し経った頃です。この時期、北海道南部の日本海側では、海底火山活動がまだまだ活発で、このような枕状溶岩が噴出しました。この地では、マグマが玄武岩質から安山岩質であるためか、その粘性はやや高かったようで、枕状溶岩は破砕されている傾向にあります。海岸沿いの露頭では、**写真11-27**のように、よく見ないと、どこに枕状溶岩があるのかわからないといった感じにもなっています。

第12章

枕状溶岩めぐり　古い時代編

写真12-1｜清流沿いの露頭
河川沿いの岩場に枕状溶岩の断面が見える。

▶日本列島の土台をつくる付加体中の枕状溶岩

もっと知ろう4で紹介したように、海溝で海洋プレートが沈み込むとき、堆積物や岩石がはぎ取られて陸側に付け加わることもあります（図10-4の左端、133ページ）。付加体の形成です。このようにしてはぎ取られる岩石には、海嶺や火山島でのマグマの活動でできた火成岩も含まれます。もちろん、その中には枕状溶岩もあることでしょう。

日本列島の地質を見ると、実は古い時代（中生代かそれよりも前）に形成された付加体の地層や岩石がかなり広く分布しています。そして、このようなものが、いわば日本列島の土台をつくっているのです。この章では、古い時代の付加体中にある枕状溶岩を紹介しましょう。

▶日本三大清流・長良川の枕状溶岩

日本三大清流といえば、柿田川（静岡県）、四万十川（高知県）、そして岐阜県を流れる長良川という名が出てくるでしょう。**写真12-1**をご覧ください。岐阜県の山間部を流れる長良川です。川岸に岩場があって、そこが良好な露頭となっています。顔を出しているものは、もちろん枕状溶岩。

写真12-2｜河床近くの枕状溶岩
多少緑色を帯びた枕状溶岩の断面である。枕状ローブの間に白いもの（石灰岩）が挟まっているところがある。

少し凸凹した露頭表面にちょっと伸びた楕円形の断面が見えていますね。

その一方で、**写真12-2**のように、水流が岩の表面を磨き滑らかになった岩肌に枕状溶岩の断面が出ているところもあります。やや緑色を帯びた暗いグレーを基調にした、なかなかきれいな断面です。枕状ローブの形状については、多少伸びたような変形が感じられます。この写真を見ると、ところどころで枕状溶岩の

写真12-3｜枕状ローブ間の石灰岩
白い部分は石灰岩であり、流動したような構造が見られる。

写真12-4｜枕状ローブの形状と内部構造
枕状ローブは特定の方向（写真では左右方向）に少し伸びたようになっている。
枕状ローブ内はほぼ一様であるが、その外縁部の色合いはやや濃くなっている。

すき間が白いものによって充填されていることがわかります。これは石灰岩です。**写真12-3**はその部分を拡大したものになります。石灰岩に流動したような構造が見られますね。何らかの原因で石灰分が沈殿してできたのかもしれません。

ここの枕状溶岩の断面には、放射状節理や気泡といったものがほとんど見られず、単調な感じになっています（**写真12-4**）。それでも、枕状ローブの外縁は緻密でわずかに色が濃くなっているのがわかります。

その一方で、**写真12-5**のように、枕状ローブの立体感がわかるものも見ることができます。ただし、水流による侵食がかなり進んでいて、枕状ローブの本来の表面構造は残っていません。

写真12-5｜表面が残って立体感がわかる枕状ローブ
入り組んで長く伸びるという枕状ローブ独特のようすが感じられる。ただし、枕状ローブの表面に構造は見られない。

▶ペルム紀に噴出、ジュラ紀に付加体へ

この場所は、岐阜県郡上市八幡町の浅柄（あさがら）というところです（位置は**図12-1**参照）。ここを含む岐阜県中〜南部は、地質学的には「美濃帯」と呼ばれる地帯で、ジュラ紀の付加体からなるとされています。

浅柄の枕状溶岩は、ペルム紀の頃（およそ3億年〜2億数千万年前）に海底で噴出し、ジュラ紀の後期（1億数千万年前）に海洋プレートの沈み込みにともなって、陸側へ付加されたとみられます。ペルム紀は古生代ですから、国内で見られる枕状溶岩としてはかなり古いものといえます。一般に、海洋プレートには海嶺や火山島で噴出した枕状溶岩がのっています。ここで紹介した枕状溶岩は、火山島のものと考えられるようです。海底で噴出した枕状溶岩が熱水で変質して緑色を帯び、そして陸側に付加されたときに力が加わって伸びるように変形したのでしょう。ジュラ紀という古い時代の付加体ですので、この枕状溶岩は長い間地下にあり続け、隆起・侵食によって、やっと地上に出てきたとみられます。

日本列島には、ジュラ紀の付加体がそこそこ広く分布しています。しかし、このように清流で洗われて、付加体中の枕状溶岩がきれいに見えているところはあまり多くないでしょう。ここでは、遠い過去の時代に噴出し、そしてずっと付加体中にあったという、“ヴィンテージものの枕状溶岩”が見られるのです。

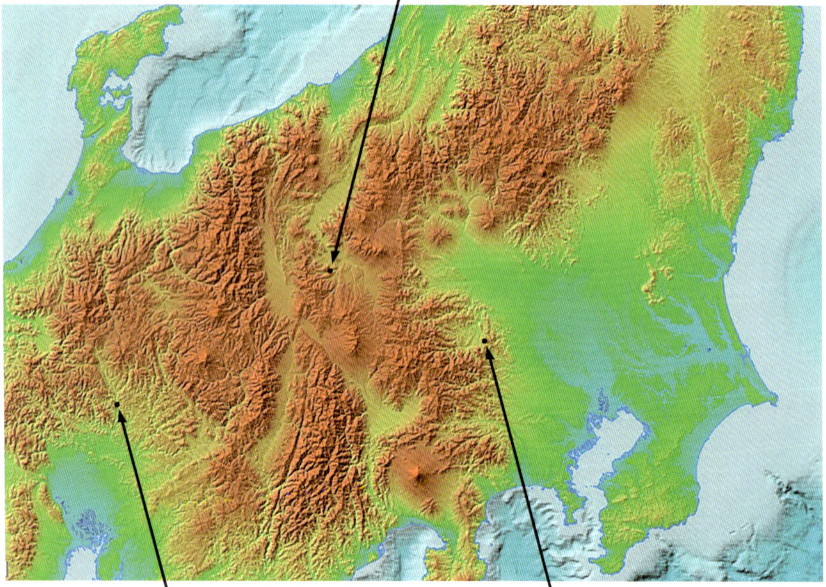

図12-1 | **位置図**（中日本方面）

地理院地図（https://maps.gsi.go.jp）で色別標高図、陰影起伏図を合成して作成したもの
海域部は海上保安庁海洋情報部の資料を使用して作成されたもの

▶白亜紀に付加された沖縄の枕状溶岩

話の舞台は一気に南へ飛びます。**写真12-6**をご覧ください。南国の青い空と海とは対照的な黒っぽい露岩が海岸に見えています。実は、これが枕状溶岩の露頭なのです。遠目では枕状溶岩らしくありませんね。露頭に近づいてみましょう。

接近すると、何となく枕状ローブ的なものが積み重なっているように見えるのですが、

写真12-6｜南国の海岸
海岸沿いにやや緑色を帯びた黒い露岩が見えている。
これが枕状溶岩の露頭である。

写真12-7｜枕状溶岩の断面
黒っぽい部分で細い溝状ないしは線状のところを
追っていくと、枕状溶岩の断面（輪郭）が見えてくる。

はっきりとしません。それでも、丹念に観察していくと……ありました。**写真12-7**です。全体的に黒っぽくて、ちょっとわかりづらいですが、細い溝状のところ（枕状ローブの境界）を追っていくと、枕状溶岩の断面であることが見えてきます。

　そしてここでは、露頭が思わぬことになっていました。写真12-7の左端は白っぽくなっていますね。実は、露頭の一部が最近崩れて、フレッシュな面が出ていたのです。そこをのぞき込むと、**写真12-8**のように、枕状溶岩の断面と一目でわかる岩肌が露出していました。このフレッシュな面を見ると、枕状溶岩は変質を受けているのか、少し緑色を帯びていることがわかります。また、枕状ローブはやや伸びたような形であり、その内部構造は不明瞭です。

写真12-8｜**露頭のフレッシュな面に露出した枕状溶岩の断面**
緑色を帯びた枕状溶岩の断面である。枕状溶岩の形状や状態がよくわかる。

この場所は、沖縄県大宜味村の安根付近の海岸です（位置は**図12-2**参照）。沖縄本島北部の西海岸、国道58号に沿ったところになります。この付近には白亜紀（1億数千万年前～数千万年前）の付加体が分布するとされています。安根の枕状溶岩も、この付加体の一部で、白亜紀かそれ以前に噴出したとみられます。

沖縄本島は、北部を中心とした地域に白亜紀やジュラ紀の付加体もかなり分布しています。安根の枕状溶

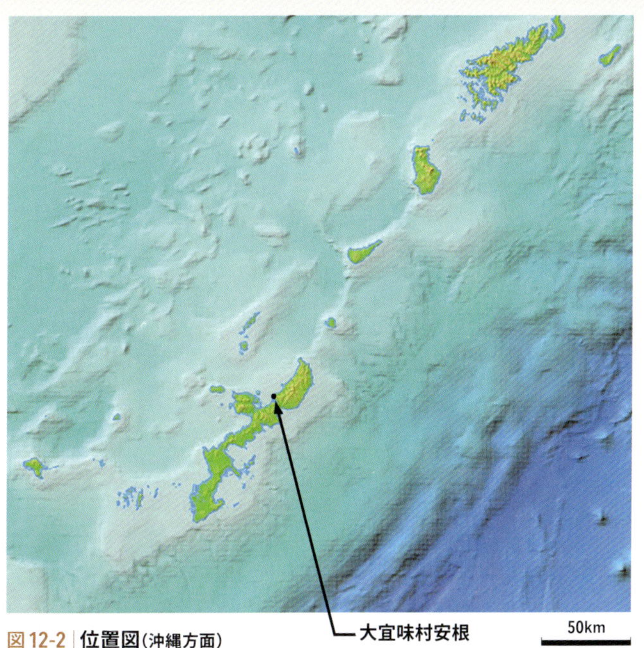

図12-2｜**位置図**(沖縄方面)

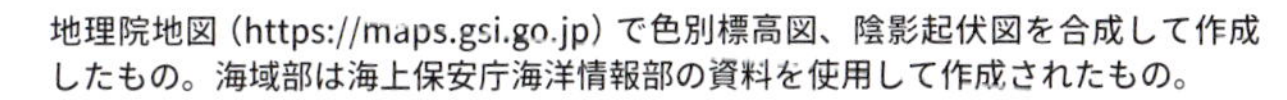

地理院地図（https://maps.gsi.go.jp）で色別標高図、陰影起伏図を合成して作成したもの。海域部は海上保安庁海洋情報部の資料を使用して作成されたもの。

写真12-9｜**景勝地、長瀞の岩畳**

ここでは荒川沿いに三波川変成岩の露頭が広がり、岩畳として知られている。

岩は、沖縄本島が地質学的に古い歴史のあることを物語ってくれます。

▶枕状溶岩の変成岩はどんな感じか

埼玉県西部の景勝地「長瀞の岩畳」。ここでは、三波川変成岩と呼ばれる岩石が見られます（**写真12-9**）。これは、海洋プレートの沈み込みにより既存の岩石が地下深くに押し込まれ、比較的低温の一方でとても高い圧力がかかって、ほぼ固体のままで別の岩石になったもの、つまり変成岩です*。このような低温高圧型の変成作用を受けた岩石が、何らかの原因で上昇し、今や岩畳として長瀞の荒川沿いに広がって、私たちの目を楽しませてくれています。

ところでもちろん、海洋プレートにあった枕状溶岩も、プレートの沈み込みで地下深くまで引き込まれます。では、枕状溶岩が地下深くでそのような変成岩になると、どのような感じになるのでしょうか。本章の最後に、この例を紹介しましょう。

* 低温とはいえ、温度が高いところでは500℃くらい、また深さも40kmくらいにまで達したようです。

▶岩場一面に広がる変成した枕状溶岩

写真12-10をご覧ください。山あいの沢です。ここでは、ちょっとした落差の滝になっていて、その両側

写真12-10 | 山あいの沢
周辺の露岩は、枕状溶岩の露頭になっている。

写真12-11 | 枕状溶岩の断面
写真の左右方向に伸びたとみられる枕状溶岩の断面である。写真中段にある枕状ローブは、下に多少たれたような形状を示している。岩石自体の色合いは緑色を帯びている。

には露岩が見えます。そして、この岩が枕状溶岩の露頭になっているのです。滝に近づいてみましょう。滝のすぐ横にある露頭は、**写真12-11**のように、少し伸びた感じの枕状溶岩らしい断面が見えています。なかなかきれいな断面ですね。枕状ローブのたれ下がりも見られます。

実は、この岩石、上述の低温高圧型の変成作用を受けたものなのです。ここでは、変成岩になっても、枕状溶岩の構造を見事に残しています。ただし、写真12-11では、枕状ローブの内部のようすがよくわかりません。そこで、このようすがわかるものをさがすと、ちょうどよいものがありました。**写真12-12**です。水流で磨かれ、枕状溶岩のフレッシュな断面が出ています。変成作用でできた緑色系の鉱物のためか、岩石の

写真12-12｜枕状ローブの内部

写真では縦方向に伸びた枕状溶岩が見られる。枕状ローブの内部には節理はなく、非常に緻密である。その一方で、枕状ローブの外周では、色合いが濃くなるなどしている。

色にはグリーンを感じます。枕状ローブの内部には節理などはなく、非常に緻密になっています。その一方で、枕状ローブの外周近くでは、色合いの変化などが見られ、これはもともと急冷縁だったところを反映しているようです。枕状溶岩の特徴を残しながらも、独特の顔つきをした岩石になっていますね。

この沢を登りながら、露頭を観察していくと、枕状ローブの形状が残っている立体感のある枕状溶岩が岩

写真12-13｜鯉の群れのような枕状溶岩
岩肌を沢の水で濡らすと、写真のような見事な姿になった。

場いっぱいに広がっていました。**写真12-13**です。同じ方向に伸びた枕状ローブがまるで鯉の群れのようになっています。露頭に近づくと、先ほど紹介したような、枕状ローブの外周の色が少し変化した独特な顔つきも見えてきます（**写真12-14**）。水音だけの静寂が満ちた山中で、このようなものを見つけると、自分だけの宝物を掘り出した気分になります。

この場所は埼玉県横瀬町（位置は図12-1参照）。長瀞から10kmあまり南に位置する関東山地の山あいです。ここは三波川変成岩が分布する地域の南縁付近にあたり、特に「御荷鉾緑色岩」と呼ばれる変成岩が分布しています。御荷鉾緑色岩は、変成作用を受けた玄武岩、斑れい岩、さらには蛇紋岩といったものからなります。そして、この中に枕状溶岩も見られるのです。

御荷鉾緑色岩は、ジュラ紀の後期（1億数千万年前）に海底で噴出し、その後白亜紀に陸側へ付加され、さらに地下深部へと押し込まれて変成岩になったとみられています。それが噴出したときの火山活動はとても大規模で、海底に「海台」と呼ばれる広大な台地状の地形をつくるほどだったという説もあります。

ここの枕状溶岩は、目を引く形態や素性・来歴もさることながら、変成岩になっても「それと判別できる」、いわば“枕状溶岩のしぶとさ”を実感させてくれます。

写真 12-14 | **枕状ローブの色合い**
枕状ローブの外周は、それを縁取るかのように色合いが少し濃くなっていて、美しい。

もっと知ろう5　日本列島の下はダイナミック？

▶プレートの沈み込みでなぜマグマ発生？

もっと知ろう4でお話ししたように、地球上では、離れ合うプレート境界、ホットスポット、沈み込むプレート境界といった場所で、多くのマグマができます……といいつつも、沈み込むプレート境界では、冷えて重くなった海洋プレートがマントルへ沈み込んでいきます。そのようなマントルで熱いマグマが発生して数多くの火山をつくるって、なにか不思議な感じがしませんか。このあたりの謎解きもまじえながら、ここでの話を進めていきましょう。

▶火山の特徴的な分布

最初に、日本列島とその周辺における火山の分布を見てみましょう。**図12-3**です。これは気象庁が「概ね過去1万年以内に噴火した火山及び現在活発な噴気活動のある火山」つまり「活火山」としたもので、その数は111となっています（2024年8月現在）。この図からわかるように、全国各地に火山がある一方で、その分布にはいくつかの特徴が見られます。

まず、火山は、太平洋沖合で延びている海溝と平行に、線状に配置されています。しかも、海溝のすぐそばではなく、ある程度離れたところ、例えば日本海溝や伊豆・小笠原海溝の場合、海溝の西200～300kmの地点で、急に火山が出現していますね。この急に出現するところ、つまり火山分布域における海溝側の線状の縁は「火山フロント」と呼ばれています。東北日本や伊豆・小笠原諸島では、火山フロントの延びはほぼ南北方向です。この火山フロントでは、火山の数は多く密度も高くなっています。そこから、海溝とは反対側に離れると、火山の分布は急激にまばらになってその数も減少します。このことは東北地方を見るとよくわかるでしょう。

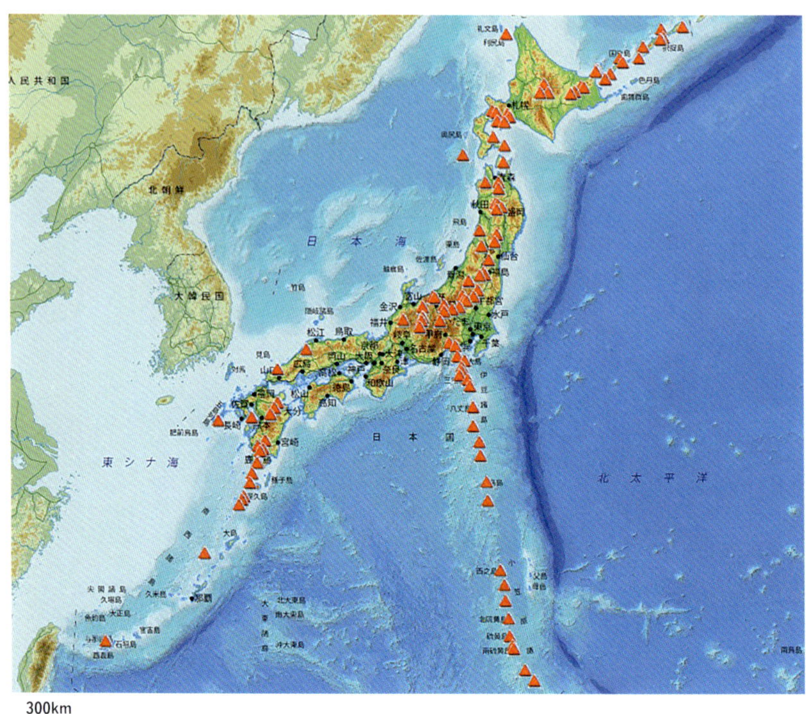

図12-3 日本列島とその周辺の火山

赤い三角印が活火山である。日本海溝や伊豆・小笠原海溝の位置は図10-5（136ページ）を参照。

地理院地図（https://maps.gsi.go.jp）で標準地図、色別標高図、活火山分布（気象庁）を合成して作成したもの。海域部は海上保安庁海洋情報部の資料を使用して作成されたもの。

さて、これらのことはプレートテクトニクスの観点では、次のようにいえます。海溝は海洋プレートが沈み込んでいくところです。このため、海溝から200～300km進んだ火山フロント付近では、沈み込んだ海洋プレートの上面は深さ100kmくらいに達しています。逆にいえば、沈み込んだ海洋プレートがそのような深さにまで達したところで、火山がたくさんできていることになります。

これからの話は、この特徴がよく現れている東北地方を対象としましょう。東北地方の東方に位置する日本海溝では、古くて重い太平洋プレートが日本列島の下へ沈み込んでいます（図10-5、136ページ）。

▶マントルに水が供給されてマグマが発生

さて話は、深く沈み込んだ海洋プレートのことです*。この海洋プレート、特に海洋地殻の部分は、海嶺などでの熱水循環によって、多くの含水鉱物を含んでいます。このほか、海洋プレートの最上部には堆積物もあり、ここには粘土などの含水鉱物がたくさん含まれていたり、その微細な空隙には水があったりするでしょう。また、海洋地殻の下にある、かんらん岩の一部も含水鉱物（蛇紋石など）になっているとみられています。このように沈み込む海洋プレートは、“かなりの水が入った状態”なのです。

海洋プレートが沈み込みはじめると、圧力の上昇により、まず堆積物の空隙にあった水などが絞り出されます。このような水はプレート境界に沿って海溝の方へ戻っていくでしょう。しかし、含水鉱物の方は、海洋プレートが地下のかなり深くに沈み込むまで持ちこたえます。そして、深さがある程度になったとき、圧力と熱により含水鉱物は分解して、水が放出されると考えられます。この水が上昇して、その上のマントルに入れば、ちょうど図7-6（83ページ）のように、岩石（かんらん岩）に水が加わった状態になります。すると、岩石の溶けはじめる温度はかなり低下して、部分溶融を起こすでしょう。つまり、マグマができるのです。このようなマグマが上昇して、火山ができることになります（**図12-4**）。地震観測の結果から、火山フロントの地下、100kmくらいのところに沈み込んだ海洋プレートの上面があるとみられています。

以上のことをまとめれば、海洋プレートが深さ100kmくらいまで沈み込むと、その含水鉱物の分解により、大量の水が上位にあるマントルに供給されて、多くのマグマを発生させる、といえるでしょう。

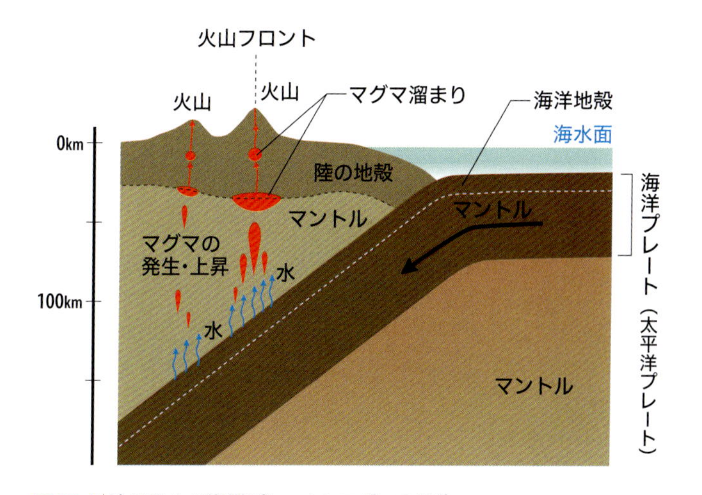

図12-4 **沈み込んだ海洋プレートとマグマの発生（マントルに水が加わるモデル）**
東北地方の東西断面をイメージしたもの。太い黒矢印は海洋プレートの動き、細い水色と赤の矢印はそれぞれ水とマグマの動きを示す。この図は、沈み込む海洋プレートについて、図10-4（133ページ）よりもずっと深いところまで描いたものである。深さ方向の目盛りはおよその目安である。

沈み込むプレート境界でのマグマ発生については、以上のようなマントルへの水の付加というストーリーで語られることが多いようです。冷えた海洋プレートの沈み込むところで、熱いマグマができる謎は“水”で解けるといった感じでしょうか。

★沈み込んだ海洋プレートは、専門的には「スラブ」と呼ばれます。本書では、とっつきやすさの観点から「沈み込んだ海洋プレート」という表現を用いることにします。

▶マグマ発生には水のほかに熱も必要

ところがです。このように、水の付加によって岩石の溶けはじめる温度が下がっても、マグマの発生する場に、常に熱の供給がなければ、継続的にマグマはで

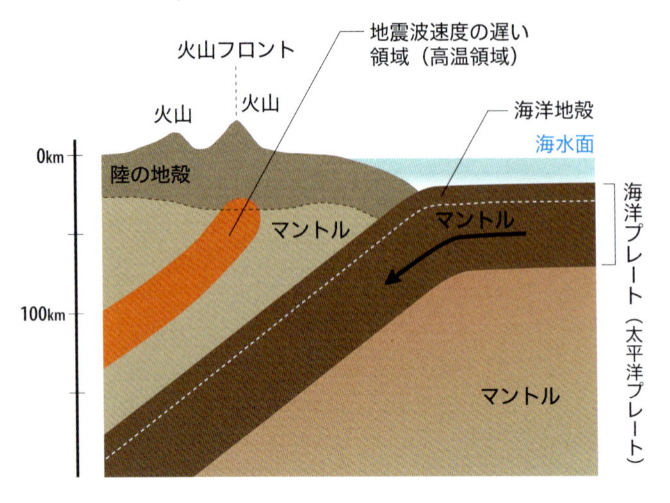

図12-5｜沈み込んだ海洋プレート上の地震波速度の遅い領域
東北地方の東西断面をイメージしたもの。深さ方向の目盛りはおよその目安である。
参考文献[66]、[111]を参考にして作成したもの

きないでしょう。つまり、水のほかに熱も供給されないと、一部が溶けたところで岩石の温度は下がってしまい、こうなればいくら水があっても、もうマグマはできなくなります。ということで、一般向け書籍にときどき出てくる図12-4のような考え方（モデル）だけでは不十分なのです。

ここで話は、東北地方の稠密な地震観測網が捉えた地下深部の状況に関することになります。実は、沈み込んだ海洋プレート上方のマントル内に、地震波速度の遅い領域が見つかったのです。この領域は、沈み込んだプレートとほぼ平行に傾斜していて、マントルのより深いところから日本列島の火山がある方向へ延びていました（**図12-5**）。地震波速度の遅い領域は、おそらく周囲よりも高温で少し軟らかくなっている部分（高温領域）と推定されます。そして、このような事柄や岩石学的な議論も合わせて、マグマの発生について**図12-6**のような考え方（モデル）が出されています。これについて説明しましょう。

▶マントルが動くことで高温領域が発生

前述のように、海洋プレートが海溝から沈み込みはじめると、まずは堆積物の空隙などにあった水が絞り出されます。そして、さらに深いところ（数十kmくらい）まで海洋プレートが沈み込めば、海洋地殻だった部分の含水鉱物が分解しはじめ、放出された水はすぐ上のマントルに入ります（図12-6の①）。この水と出会ったマントルの岩石（かんらん岩）は、蛇紋石のほか角閃石、緑泥石、雲母といった含水鉱物を含んだものへ変質します。このように変質した岩石は変形しやすいため、沈み込んだ海洋プレートの動きに引きずられて、より深いところへと移動します（図12-6の②）。

変質した岩石の深部への移動があれば、その反動として、これを補うかのようにマントルの深いところから、とても熱い岩石（かんらん岩）が上昇してくるでしょう（図12-6の③）。そして、これこそが地震観測で捉えた地震波速度の遅い領域、すなわち温度の高いところ（高温領域）と解釈できるものなのです。

一方、沈み込んだ海洋プレートに引きずられて、深いところに移動していく含水鉱物は、マントルのかんらん岩から変わったものです。このため、固体（岩石）に入りやすいマグネシウム成分が多く、この含水鉱物はある程度の温度と圧力に耐えられます。

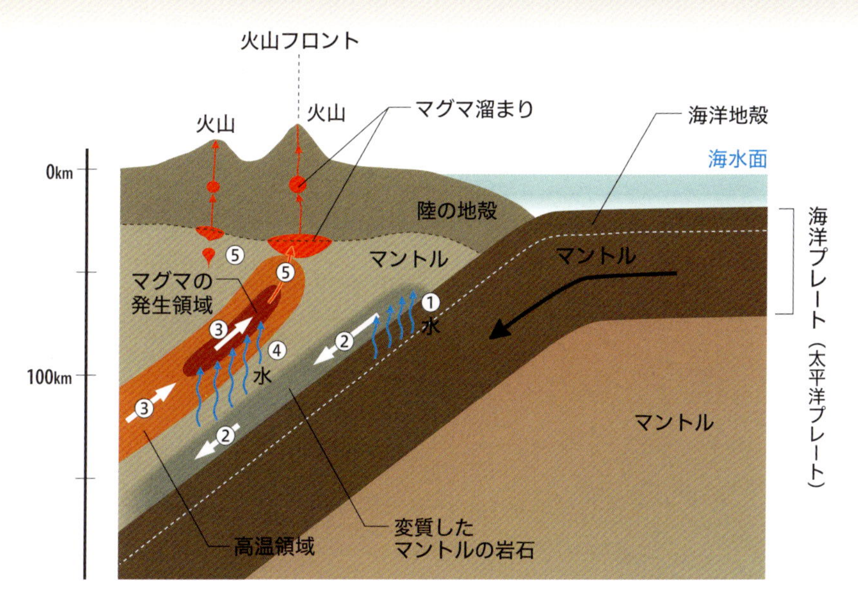

図12-6｜沈み込んだ海洋プレートとマグマの発生(マントルに水が加わりマントル物質も移動するモデル)

東北地方の東西断面をイメージしたもの。白抜きの矢印はマントル内の物質（岩石）の移動、太い黒矢印は海洋プレートの動き、細い水色と赤の矢印はそれぞれ水とマグマの動きを示す。深さ方向の目盛りはおよその目安である。

参考文献[65]、[66]やインターネット上の情報も参考にして作成したもの

しかし、およそ100kmあまりの深さまで沈み込めば、この含水鉱物も分解しはじめて、水を放出します（図12-6の④）。放出された水は、上方へ移動し、あの高温領域に達します。ここのマントル物質（かんらん岩）は高温であり、また深いところから斜めに上昇している、つまり減圧もしています。そこへさらに水が加わることで、融点も下がり、マグマが多量に発生することになります（マグマはもっと下で発生し、この高温領域でその量が増大するという考え方もあります）。発生したマグマは、この高温領域に沿って斜め上方に、あるいはドーム状に盛り上がるようにして上昇します（図12-6の⑤）[★1]。そして最終的には、一部のマグマは地上に噴出して火山をつくります[★2]。

このように考えると、水の付加以外に、温度上昇や圧力低下の効果もあって、たくさんのマグマができることになります。また、沈み込んだ海洋プレートの上位にあるマントルにおいて、上記の物質の移動、つまり引きずられることによる深部への物質の移動とそれを補うような深部からの物質の上昇がある限り、マグマ発生域での高温は維持されます。

沈み込むプレート境界で熱いマグマができることの謎解きは、ちょっと複雑な話になりました……が、以上のことも1つの考え方（モデル）であって、まだまだ未解明な点が多かったり、異なる考え方があったりするようです。今後の研究の進展が待たれます。

ここで紹介した考え方については、例えば参考文献[65]や[66]などに詳しくわかりやすく記されています。上記の内容も、これらの書籍を参考にしました。

★1 この見方であれば、地震波の遅い領域の原因は、高温だけでなくマグマもあるためかもしれません。

★2 日本列島のような沈み込むプレート境界では、海嶺などのマグマと比べて多様なマグマができるようです。これは、27ページの★3、最後のただし書きで紹介したような、地殻の岩石の部分溶融やマグマどうしの混合などが起こりうるためです。

あとがきにかえて　測量技術と火山噴火

本書のテーマは溶岩です。そのつもりで執筆をはじめましたが、調べたり書いたりしていると、やはり溶岩は、火山や噴火と密接に結びついていることを改めて実感しました。あとがきにかえて、火山噴火に関係した筆者の、これまでの体験や業務（測量関係のこと）について、ちょっと長くなりますが、記しておきたいと思います。

筆者は、国土地理院を退職するまでの間に、さまざまな形で何回か、火山噴火と関係したことがあります。その中でもっとも印象に残っているのは、2000年の北海道、有珠山での噴火です。

当時の筆者は、国土地理院から本省（旧建設省）の災害対策部署に出向していました。このため、噴火直後の2000年4月、北海道伊達市役所に設置されていた政府の現地対策本部へ10日間ほど派遣されました。派遣当初は、新たな火口や断層・亀裂が確認されたりと、地表での大きな変動が続いていたため、緊張した中で、連絡調整などの業務を続けた記憶があります。

噴火がはじまった頃は、事態の急変へ対応するため、関係機関の職員は夜間も交代で現地対策本部に待機するという態勢をとっていました。このような状況で夜間はどうしていたのか。市役所には市議会の議場があり、その外側の回廊のようなところに、列をなす形で各機関の簡易ベッドが置かれ、夜間待機中は、ここで仮眠をとっていたのです。ちなみに、この議場では専門家などによる記者会見が定期的に開かれていました。

4月の北海道はまだまだ寒さも厳しく、簡易ベッドで毛布をかぶるくらいでは凍えてしまい、眠ることは容易ではありません。そして疲労しつつも緊張していたのでしょう。このような状態で目をつぶっていると、もしかしたら有珠山でもっと大規模な噴火が起こるのではないか、あるいは山体が崩壊するのではないかなどといった妄想というか、不安にかられて、はじめの頃はほとんど寝られませんでした。10日間の派遣期間も後半になって、やっと現地の状況に順応できたという感じです。役目を終えて帰京したときには、隔日での夜間待機もあって、かなり消耗していました。

その後、5月にも現地対策本部への派遣がありましたが、このときには本部は伊達市役所での“仮住まい”ではなく、独立した仮設の建物に入っていて執務環境は整っていました。また、噴火の状況はだいぶ落ち着いていましたので、夜間待機の態勢はかなり縮小していたと記憶しています。この噴火では、専門家や関係機関による火山観測と、それに基づく避難誘導の判断がうまく行われ、また住民の火山への意識が高かったこともあり、人的な被害はありませんでした。これが大きな救いです。

ところで、筆者の国土地理院在職中の業務は、測量・地図作成とその防災分野での活用がメインでした。そして、2000年の有珠山噴火では、測量技術の火山観測への応用も新たな段階に入ったことを実感しました。というのも、2000年の直前である1990年代は、測量技術の一大変革期だったのです。

新技術の火山観測への応用として、まずは「電子基準点」の利用があげられるでしょう。電子基準点は、GPSなどの測位衛星からの電波を常に受信するとともに、その正確な位置（緯度・経度・高さ）も与えられた“新時代の基準点（三角点）”というべきものです（**写真1**）。GPSを使った測量（「GPS測量」）は1990年代前半から実用化されはじめました。

電子基準点ではGPS測量によって電子基準点間の距離が常時計測され、全国の地殻変動の状況をモニタリングしています。1995年の阪神・淡路大震災を契機に、電子基準点は全国的に整備されて稼働していました。そして、2000年の噴火時に、この電子基準点が地殻変動のようすをリアルタイムで精度高く捉えたのです。有珠山を挟んだ電子基準点間の距離は10km以上もありますが、噴火の前後における、そこでの地表の伸び縮みが正確に観測されました。このような長距離での地表の変化は、特に地下深部でのマグマの動きを反映したものと考えられ、噴火後の活動の推移を予測する上でとても重要な情報となりました。

GPS測量は、GPSなどの測位衛星からの電波、特にその位相（波の山と谷）の情報を観測して、mmオーダーという高い精度で位置の測定をするものです（その原理の詳細については、例えば参考文献[53]を参照してください）。同じくGPSを利用するカーナビのように、単独の受信機で絶対的な位置を求めるのではなく、GPS測量では複数の受信機間の相対的な位置関係を求めます。このとき、カーナビよりもずっと正確に測定できます。そうなると、もし一方の受信機の絶対的な位置（緯度・経度・高さ）がわかっていれば、もう一方の受信機の絶対的な位置も正確にわかることになりま

写真1｜電子基準点「壮瞥」
電子基準点の頂部は、受信アンテナを保護する半球状のドームである。柱の中に受信関係の機器や、つくば市にある中央処理システムへの通信機器などが入っている。また、電子基準点の位置（緯度・経度・高さ）は正確に求められている。写真の後方は有珠山。

す。このため、国土地理院では電子基準点の絶対的な位置とそこで観測された電波の位相情報を常時提供していますし、これらは世の中のいろいろな測量作業で使われています。例えば、ユーザー（測量技術者）は、たとえ1台の受信機しかなくとも、自分で観測した電波の位相情報と、提供される電子基準点の情報をつき合わせて計算処理すれば、測量したい場所の緯度・経度・高さをいつでも高精度で決定できるのです。

測量の技術革新は、ほかにもありました。その新技術は「航空レーザ測量」と呼ばれるものです。これはまず、航空機から地表をスキャンするようにレーザ光を数多く（毎秒数万回以上）発射して、航空機と地上の反射点の距離と方向を精度高く測定します。これと同時に、レーザ光を発射したときの航空機の位置（正確には電子基準点との位置関係）をGPS測量で求め、その位置とレーザ光による測定値から地上の反射点の位置を機械的に計算します（**図1**）。この結果、多数の地点の位置がわかり、広範囲に及ぶ地表の面的な形状が効率的に決まります。類似した従来技術に、写真測量がありますが、それよりも精度が高く（**図2**）、何よりも植生があっても、地面の正確な測量がある程度可能です。つまり、レーザ光が植生を透過して地面に到達したときの距離情報を選択的に利用できる場合もかなりあって、このときは植生下の地面の形状が求められる

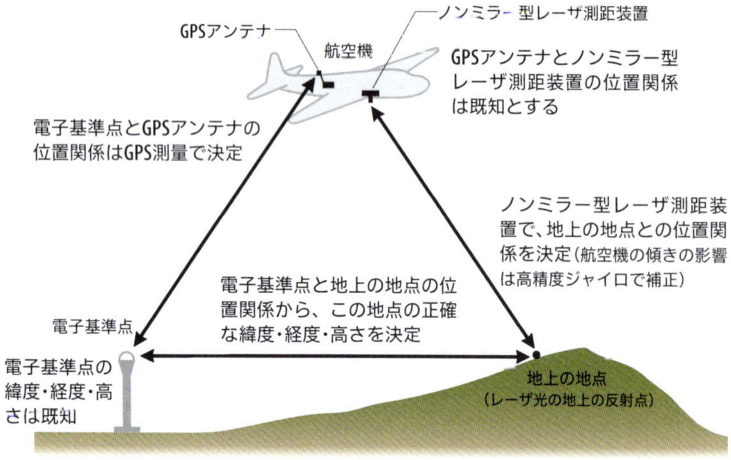

図1｜航空レーザ測量のしくみ
航空レーザ測量では、航空機を介して、電子基準点と地上の地点（レーザー光の反射点）の位置関係を高精度で決める。その結果、この地点の緯度・経度・高さが求まる。この際、GPS測量やノンミラー型レーザ測距装置、高精度ジャイロといった技術・装置が使われる。

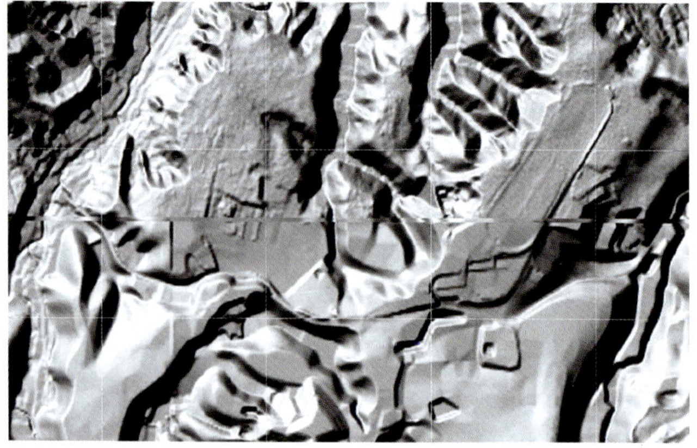

図2｜航空レーザ測量と写真測量による地形の陰影起伏図
図の上半分が航空レーザ測量の数値標高データ（5mメッシュ、精度0.3m以内）から作成した陰影起伏図、下半分が写真測量によるデータ（5mメッシュ、精度0.7m以内）からのものである。この両者の比較から、前者の方が精度が高く、また地表状況をきめ細かく表現できていることがわかる。例えば、前者では細かな尾根・谷が表現できている。
地理院地図（https://maps.gsi.go.jp）の陰影起伏図の画像

のです（写真測量では、測定者は植生の上しか見えないため、樹高を考慮しつつ地面の位置を推定して測ることになり、精度はやや落ちます）。

航空レーザ測量は、GPS測量とノンミラー型レーザ測距技術が確立した、1990年代後半に実用化されました。それ以前は、レーザ測量を行う場合、測りたい地点（測点）にミラー（反射プリズム）を置く必要があったので、多数の地点を短時間で測量することはできませんでした。ノンミラー型レーザ測距では、測点にミラーを置かずに、レーザ光で距離を計測しますから、広い土地を短時間で面的に測量することが可能となり、またGPS測量と組み合わせることで航空機からの利用もできるようになりました。ただし、ミラーの場合に比べて精度はやや落ちます（ミラーを使った測距は、今でも精度が必要な測量で使われています）。

2000年の噴火時にも、航空レーザ測量は活用され、地下の潜在ドームによる高まりを正確に捉えました（図5-5、66ページ）。1990年代前半の雲仙岳の噴火では、溶岩ドームが地表に現れたため植生もなく、写真測量でも十分にそのようすを捉えることができました。しかし、有珠山の場合には、潜在ドームであり、植生もあったために、応急的に実施した写真測量では、ところどころでの高さの変化しかわからず、航空レーザ測量の優位性は歴然でした。

以上が2000年頃までに起きた測量分野での技術革新の状況です。ところで、最近注目されている火山観測技術として、人工衛星や航空機に搭載された「合成開口レーダー（SAR）」があります。合成開口レーダー自体は、例えば衛星搭載のものは1970年代にはすでに実用化されていて、新しい技術ではありません。しかし、使い道が多様で、また状況に左右されずに観測できるという利点があるため、火山噴火を含めた災害分野での活用が改めて期待されています。

合成開口レーダーは、文字どおり「レーダー」の一種です。つまり、人工衛星などから電波を地上に向けて発射して、そこではね返ってきた電波を捕捉して、いろいろな情報を得るものです。

はね返って戻ってきた電波の強さ（電波の振幅）の情報を使えば、地上の状態がわかる画像、つまり（ちょっとクセがありますが）モノクロ写真のような画像が取得できます。**図3**は、航空機搭載の合成開口レーダーによる霧島山新燃岳の溶岩です。この利点は、雲があっても、また多少の噴煙があっても電波はそこを通り抜けるので、そのような悪条件でも地上の状況を画像化できることにあります。

地上から帰ってきた電波の位相の情報を使うと、地面の形状（標高）や変動のようすがわかります。特に、地面の変動（地殻変動など）は、2つの時点の位相情報を比べたとき、cmレベルの精度で計測することができます。これは、衛星搭載の合成開口レーダーを用いた「干渉SAR」と呼ばれる技術です（その原理はGPS測量と似たところがあります）。もちろん、雲などがあっても大丈夫ですし、最大の利点は電子基準点と違って面的な変動がわかることでしょう。このようなことから、2015年の箱根や桜島での火山活動で、この技術が注目されました（**図4**は桜島での例です）。火山観測の分野で、今後ますます活用されることを期待したいところです。干渉SARはこのほか、地震にともなう地殻変動、大規模な地すべり、過剰揚水による地盤沈下などといった地面の変動を検出することができます。ちなみに、干渉SARによる地面の変動検出がはじめて報告されたのは、1993年であり、したがってこの技術の実用化も1990年代のことになります。この報告では、1992年に米国西部で発生したランダース地震（マグニチュード7.3）にともなう地殻変動の検出に成功したことが記されています（参考文献[122]）。

あとがきにかえて、筆者の経験談や測量技術の振り返りなどを紹介させていただきました。最後になりますが、学問や技術の進歩、防災体制の充実などによって火山災害の軽減が一層進むよう、心から願いつつ筆を置くことにします。

合成開口レーダー画像の範囲の地形図

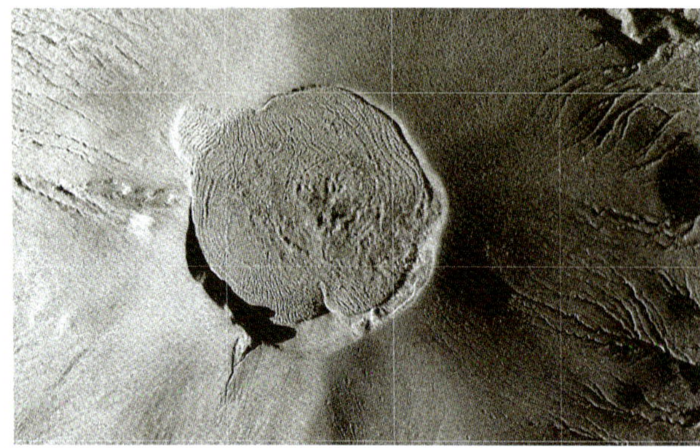

図3 | 航空機搭載の合成開口レーダーが捉えた溶岩のようす

九州南部、霧島山新燃岳、火口付近の合成開口レーダー画像である。火口が噴出した溶岩で満たされているようすがわかる。2018年3月の噴火時のもの。

地理院地図（https://maps.gsi.go.jp）の航空機SARの画像と標準地図

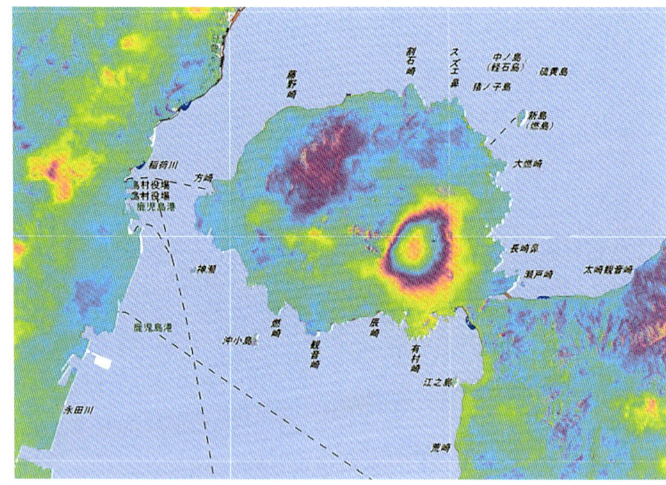

図4 | 人工衛星搭載の合成開口レーダーが捉えた地面の変動（地殻変動）

九州南部、桜島での変動を示す画像であり、陸域観測技術衛星２号（だいち２号）による2015年8月10日と8月24日の観測データから計算されたものを示している。画像では、人工衛星と地面間の距離の変化、つまり地面の変動があれば、色が変わるように表示される。桜島南東部で色が変化しているところでは、海岸付近の青色から黄色、赤紫色、そして再び青色……と変わっていく。このとき、海岸付近の青色では、人工衛星と地面間の距離変化はほぼない一方で、再び青のところでは、それが約12cm縮まったことを示している。この画像から、桜島南東部では、地面が最大で16cm程度、人工衛星に近づく変動（隆起する方向の変動）があったと判断された。

なお、この技術の詳細については、国土地理院サイトにある「干渉SAR」のページ（https://www.gsi.go.jp/uchusokuchi/gsi_sar.html）を参照するとよい。

地理院地図（https://maps.gsi.go.jp）の干渉SARの画像と標準地図。干渉SARの画像については、解析：国土地理院、原初データ所有：JAXA

表｜地質年代表

(累)代	代	紀（新生代は世まで）			絶対年代（万年前）
					現 在
顕生(累)代	新生代	第四紀	完新世		1.17
			更新世	後期	12.9
				中期	77.4
				前期	258
		新第三紀	鮮新世	後期	360.0
				前期	533.3
			中新世	後期	1163
				中期	1598
				前期	2303
		古第三紀	漸新世		3390
			始新世		5600
			暁新世		6600
	中生代	白亜紀			1億4500
		ジュラ紀			2億0140
		三畳紀			2億5190.2
	古生代	ペルム紀			2億9890
		石炭紀			3億5890
		デボン紀			4億1920
		シルル紀			4億4380
		オルドビス紀			4億8540
		カンブリア紀			5億3880

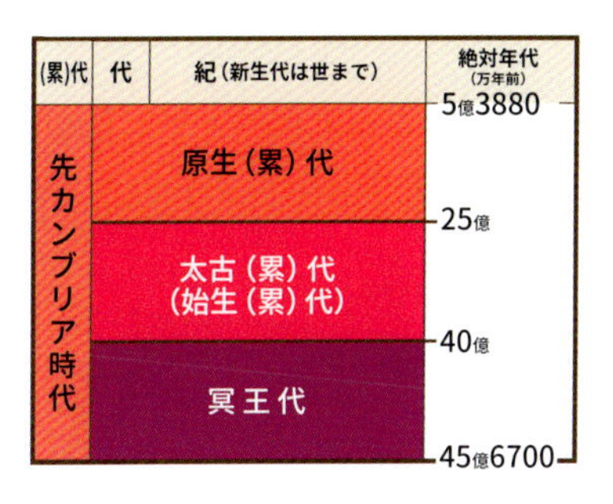

(累)代	代	紀（新生代は世まで）	絶対年代（万年前）
			5億3880
先カンブリア時代	原生（累）代		25億
	太古（累）代（始生（累）代）		40億
	冥王代		45億6700

国際地質科学連合（IUGS）、国際層序委員会（ICS）の国際年代層序表（2023/06版）に基づくものであり、作成にあたっては、地質年代を紀レベル（新生代は世レベル）まで簡略化し、また年代数値も万年単位とした。

国際年代層序表（2023/06版）の出典：日本地質学会の公式ウエッブサイト（http:/www.geosociety.jp/）

活用ウエッブサイト・参考文献

Ⅰ 活用ウエッブサイト

A 地理院地図，https://maps.gsi.go.jp（閲覧日2024年5月9日）

国土地理院が運営するウェブ地図である。表示される標準地図（地形図）は、高速道路などが供用開始日に反映されるなど、最新で正確な日本の姿を示すものとなっている。閲覧できる地図には色別標高図や陰影起伏図、火山基本図・火山地形分類データなどがあり、このような地図を標準地図と合成したり3D化したりする機能もある。「地図の種類」のトップから「その他」の下にある「他機関の情報」に入っていけば、産業技術総合研究所、地質調査総合センターの地質図を見ることができる（地質図の3D化も可能）。地理院地図の「ヘルプ」をクリックすれば、使い方のわかりやすい解説がある。また、国土地理院サイト、https://www.gsi.go.jp（閲覧日2024年5月9日）から「地図情報」に入り「地図・空中写真閲覧サービス」を選択すれば、いろいろな時期の空中写真（航空写真のこと）などを閲覧できる。その中には終戦直後に米軍が全国各地で撮影したものもある。

B 地質図ナビ，https://gbank.gsj.jp/geonavi/（閲覧日2024年5月9日）

産業技術総合研究所、地質調査総合センターが運営するウェブ地図である。20万分の1日本シームレス地質図をベースにして、地質に関する各種の地図や情報を見ることができる。地質図の凡例などもそろっている。また同センターのサイトにある「日本の活火山」、https://gbank.gsj.jp/volcano/Act_Vol/index.html（閲覧日2024年5月9日）では、主要な活火山の地質などが解説されている。

C 日本活火山総覧，https://www.data.jma.go.jp/vois/data/tokyo/STOCK/souran/menu_jma_hp.html（閲覧日2024年5月9日）

気象庁のサイトにある火山の資料集で、全国の活火山の活動状況や観測態勢、社会条件などがまとめられている。

II 参考文献

A 事典・地方地質誌関係

[1] 地学団体研究会編（1996）：新版 地学事典，平凡社
[2] 地学団体研究会編（2024）：最新 地学事典，平凡社
[3] 日本地形学連合編（2017）：地形の辞典，朝倉書店
[4] 日本地質学会編集（2010）：日本地方地質誌1 北海道地方，朝倉書店
[5] 日本地質学会編集（2017）：日本地方地質誌2 東北地方，朝倉書店
[6] 日本地質学会編集（2008）：日本地方地質誌3 関東地方，朝倉書店
[7] 日本地質学会編集（2006）：日本地方地質誌4 中部地方，朝倉書店
[8] 日本地質学会編集（2010）：日本地方地質誌8 九州・沖縄地方，朝倉書店

B 図鑑・巡検ガイド関係

[9] 天野和孝・河内一男・鴨井幸彦編著（1995）：新潟県 地学のガイド（下），コロナ社
[10] 一般社団法人日本地質学会地学教育委員会編集（2014）：富士山青木ヶ原溶岩のたんけん 樹海にかくされた溶岩の不思議，一般社団法人日本地質学会
[11] 大木靖衛監修（1992）：神奈川の自然をたずねて 日曜の地学20，築地書館
[12] 大森昌衛監修（1998）：東京の自然をたずねて（新訂版）日曜の地学4，築地書館
[13] 沖縄県高等学校地学教育研究会編（2001）：おきなわの石ころと化石 島じまの地層めぐり，編集工房東洋企画
[14] 沖縄地学会編著（1997）：沖縄の島じまをめぐって（増補版）日曜の地学14，築地書館
[15] 奥村清編著（2003）：神奈川県地学のガイド，コロナ社
[16] 貝塚爽平監修，東京都地学のガイド編集委員会編（1997）：東京都 地学のガイド，コロナ社
[17] 小井土由光編著（2011）：みの ひだ地質99選，岐阜新聞社
[18] 小白井亮一（2021）：楽しい地層図鑑，草思社
[19] 小山真人（2013）：富士山 大自然への道案内（岩波新書），岩波書店
[20] 近藤精造監修（1992）：千葉の自然をたずねて 日曜の地学19，築地書館
[21] 静岡の自然をたずねて編集委員会編著（2005）：静岡の自然をたずねて（新訂版）日曜の地学13，築地書館
[22] 高橋直樹・大木淳一（2015）：石ころ博士入門，全国農村教育協会
[23] 高橋正樹・小林哲夫編（1998）：北海道の火山 フィールドガイド日本の火山3，築地書館
[24] 田中収編著（1987）：山梨県 地学のガイド，コロナ社
[25] 地学団体研究会札幌支部編（1984）：札幌の自然を歩く（第2版），北海道大学図書刊行会
[26] 地学団体研究会新潟支部編著（1997）：新版新潟地学ハイキング 大地のロマンを求めて 新潟日報事業社
[27] 道東の自然史研究会編（1999）：道東の自然を歩く，北海道大学図書刊行会
[28] 道北地方地学懇話会編（1995）：道北の自然を歩く，北海道大学図書刊行会
[29] 特定非営利活動法人 火山防災推進機構編（2016）：日本の火山ウォーキングガイド，丸善出版
[30] 西宮克彦編著（1984）：山梨の自然をめぐって 日曜の地学16，築地書館
[31] 西本昌司（2020）：観察を楽しむ 特徴がわかる 岩石図鑑，ナツメ社

[32] 萩谷宏・門馬鋼一・大路樹生監修著ほか(2022)：小学館の図鑑NEO［新版］ 岩石・鉱物・化石，小学館
[33] 堀口萬吉監修(2012)：埼玉の自然をたずねて(改訂版)日曜の地学1，築地書館
[34] 前田寿嗣(2007)：歩こう！ 札幌の地形と地質，北海道新聞社
[35] 松原聰・川上紳一・高橋正樹・三河内岳・加藤太一監修(2020)：学研の図鑑LIVE 鉱物・岩石・化石，学習研究社
[36] 宮内崇裕・理学研究科地球科学コース編(2008)：房総半島の地学散歩－海から山へ(第1巻)，千葉日報社
[37] 宮坂省吾・田中実・岡孝雄・岡村聡・中川充編著(2011)：札幌の自然を歩く(第3版)，北海道大学出版会
[38] 山梨の地学編集会(1976)：山梨の地学 野外見学案内，山梨の地学編集会

C 専門書・教科書・一般書関係

[39] 安藤雅孝・早川由紀夫・平原和朗(1996)：地震と火山(地学団体研究会編 新版地学教育講座2)，東海大学出版
[40] 井田喜明(2014)：地球の教科書，岩波書店
[41] 宇井忠英(2023)：現場で熱を感じる火山の仕組み，ベレ出版
[42] 上田誠也(1971)：新しい地球観(岩波新書)，岩波書店
[43] 上田誠也・水谷仁編(1978)：地球 岩波講座地球科学1，岩波書店
[44] 上田誠也・小林和男・佐藤任弘・斉藤常正編(1979)：変動する地球II(海洋底)岩波講座地球科学11，岩波書店
[45] 歌代勤・清水大吉郎・高橋正夫(1978)：地学の語源をさぐる，東京書籍
[46] 榎並正樹(2013)：岩石学(現代地球科学入門シリーズ16)，共立出版
[47] 沖野郷子・中西正男(2016)：海洋底地球科学，東京大学出版会
[48] 『科学』編集部編(2023)：富士山噴火に備える，岩波書店
[49] 勝井義雄・岡田弘・中川光弘(2007)：北海道の活火山，北海道新聞社
[50] 神谷厚昭(2015)：地層と化石が語る琉球列島三億年史，ボーダーインク
[51] 木村学・大木勇人(2013)：図解 プレートテクトニクス入門(ブルーバックス)，講談社
[52] 久城育夫・荒牧重雄編(1978)：地球の物質科学II 火成岩とその生成 岩波講座地球科学3，岩波書店
[53] 小白井亮一(2010)：わかりやすいGPS測量，オーム社
[54] 小白井亮一(2023)：すごい地層の読み解きかた，草思社
[55] 埼玉県立自然史博物館編(2004)：埼玉の大地のふしぎ，埼玉新聞社
[56] 佐野貴司(2015)：地球を突き動かす超巨大火山(ブルーバックス)，講談社
[57] 下司信夫・斎藤雨梟(2023)：火山のきほん，誠文堂新光社
[58] 白尾元理・小疇尚・斉藤靖二(2001)：グラフィック 日本列島の20億年，岩波書店
[59] 白尾元理・下司信夫(2017)：火山全景，誠文堂新光社
[60] 平朝彦(2001)：地球のダイナミックス 地質学1，岩波書店
[61] 平朝彦(2004)：地層の解読 地質学2，岩波書店
[62] 高橋正樹(2015)：日本の火山図鑑，誠文堂新光社
[63] 高橋正樹編著(2019)：火山のしくみ パーフェクトガイド，誠文堂新光社
[64] 田澤堅太郎(2014)：火山 伊豆大島のスケッチ(改訂・

増補版），之潮
[65] 巽好幸（2011）：地球の中心で何が起こっているのか（幻冬舎新書），幻冬舎
[66] 中島淳一（2018）：日本列島の下では何が起きているのか（ブルーバックス），講談社
[67] 中村一明（1978）：火山の話（岩波新書），岩波書店
[68] 西村祐二郎・鈴木盛久・今岡照喜・高木秀雄・金折裕司・磯崎行雄（2019）：基礎地球科学（第3版），朝倉書店
[69] 日本火山学会編（2015）：Q&A火山噴火127の疑問（ブルーバックス），講談社
[70] 藤井敏嗣（2023）：火山 地球の脈動と人との関わり（サイエンス・パレット），丸善出版
[71] 藤岡換太郎・平田大二編著（2014）：日本海の拡大と伊豆弧の衝突 神奈川の大地の生い立ち，有隣堂
[72] 保柳康一・松田博貴・山岸宏光（2006）：シーケンス層序と水中火山岩類 Field Geology 4，共立出版
[73] 萬年一剛（2020）：最新科学が映し出す火山，ベストブック
[74] 都城秋穂・久城育夫（1975）：岩石学II（共立全書），共立出版
[75] 都城秋穂・久城育夫（1977）：岩石学III（共立全書），共立出版
[76] メイスン，B.（1970）：一般地球化学（松井義人・一国雅巳訳），岩波書店
[77] 山岸宏光（1994）：水中火山岩 アトラスと用語解説，北海道大学出版会
[78] 横山泉・荒牧重雄・中村一明編（1979）：火山 岩波講座地球科学7，岩波書店
[79] 吉田武義・西村太志・中村美千彦（2017）：火山学（現代地球科学入門シリーズ7），共立出版

D 論文・報告・記事関係

[80] 天野一男・松原典孝・田切美智雄（2007）：富士山の基盤:丹沢山地の地質 衝突付加した古海洋性島弧（富士火山（2007）所収），山梨県環境科学研究所
[81] 石川正弘・谷健一郎・桑谷立・金丸龍夫・小林健太（2016）：丹沢山地の地質:伊豆衝突帯のジオダイナミクス（巡検案内書），地質学雑誌122
[82] 海野進・金山恭子・石塚治（2011）：海洋から島弧へ:小笠原諸島はどのようにして生まれたか，科学81
[83] 海野進（2019）：無人岩のテクトニクス:沈み込み帯発生とマントル進化，岩石鉱物科学48
[84] 大井上義近（1909）：樽前火山噴火実況調査報告，震災予防調査会報告64
[85] 大口健志・鹿野和彦・小林紀彦・佐藤雄大・小笠原憲四郎（2008）：男鹿半島の火山岩相:始新世〜前期中新世火山岩と戸賀火山，地質学雑誌114補遺（日本地質学会第115年学術大会見学旅行案内書）
[86] 大島火山噴火対策特別チーム:地質グループ（1987）：伊豆大島火山1986年の噴火－噴火の経緯と噴出物－，地質ニュース392
[87] 海上保安庁（2012）：世界ではじめてマントル物質からの湧水域でシロウリガイ類を発見（記者発表資料），https://www.kaiho.mlit.go.jp/info/kouhou/h24/k24/k20120207/k120207-1.pdf（2024年5月9日現在、閲覧不能）
[88] 門田真人（2010）：丹沢山地の枕状溶岩，自然科学のとびら16
[89] 鹿野和彦（2008）：男鹿半島、かぶき岩の枕状溶岩（表紙写真と文），地質調査研究報告59
[90] 川辺禎久（2012）：新たに得られた伊豆大島火山新期大島層群噴火堆積物の放射性炭素年代，地質調査研究

報告63
[91] 九州大学大学院理学研究院：インターネット博物館「雲仙普賢岳の噴火とその背景」，http://museum.sci.kyushu-u.ac.jp/（閲覧日2024年5月9日）
[92] 国土地理院（2000）：1:25,000火山土地条件図 有珠山，国土地理院
[93] 国土地理院（2003）：1:25,000火山土地条件図 富士山，国土地理院
[94] 小坂共栄・備前信之・佐藤友紀・瀧伊久子・高橋康・山田桂・斎宏行・高畑萌子（2022）：北部フォッサマグナ、内村海盆における下〜中部中新統内村層の地質 内村層の正常堆積岩層と火山性堆積岩層の指交関係，地球科学76
[95] 後藤芳彦・中川光弘・和田恵治（1995）：北海道北部の中新世火山活動の活動場:K-Ar年代と主成分化学組成からの推定，岩鉱90
[96] 小山真人・早川由紀夫（1996）：伊豆大島火山カルデラ形成以降の噴火史，地学雑誌105
[97] 佐野貴司・長谷中利昭・三好雅也（2018）：総論:島弧火山への沈み込んだスラブの影響，月刊地球40
[98] 地震調査研究推進本部地震調査委員会編（1997）：日本の地震活動 被害地震から見た地域別の特徴，地震調査研究推進本部
[99] 鈴木毅彦・臼井里佳（2022）：伊豆大島火山:玄武岩質火山で見る噴火史とジオパーク（巡検案内書），地質学雑誌128
[100] 高橋直樹・柴田健一郎・平田大二・新井田秀一（2016）：葉山－嶺岡帯トラバース（巡検案内書），地質学雑誌122
[101] 高橋正樹・松田文彦・安井真也・千葉達朗・宮地直道（2007）：富士火山貞観噴火と青木ヶ原溶岩（富士火山（2007）所収），山梨県環境科学研究所
[102] 高橋正樹・磯貝祐介・安井真也（2013）：富士火山青木ヶ原溶岩の鳴沢「スパイラクル」はスパイラクルか？，日本火山学会講演要旨集
[103] 田中収（1989）：富士青木ヶ原溶岩スパイラクル群，日本地質学会学術大会講演要旨
[104] 田中館秀三（1917）：樽前ドームの形態と新噴火，地質学雑誌24
[105] 徳重英助（1934）：佐渡小木の枕状熔岩，新潟県史蹟名勝天然記念物調査報告第4輯
[106] 徳重英助（1935）：佐渡の枕状熔岩Pillow Lavas に就いて（演旨），地質学雑誌42
[107] 飛田幹男・村上亮・中川弘之・矢来博司・藤原智（2001）：SAR画像のマッチングによる有珠山周辺の面的な三次元地殻変動、変動速度、体積変化，国土地理院時報95
[108] 中田節也（1996）：溶岩ドーム噴火の特徴と普賢岳ドームの成長モデル，地質学雑誌46
[109] 中田節也・吉本充宏・藤井敏嗣（2007）：先富士火山群（富士火山（2007）所収），山梨県環境科学研究所
[110] 仁科健二・松田義章・松枝大治・竹内勝治・大鐘卓哉・菅原慶郎・高見雅三・北嶋徹（2019）：小樽の地質と石材，地質学雑誌125（日本地質学会第125年学術大会巡検案内書）
[111] 長谷川昭（2006）：東北日本沈み込み帯における地震発生と火山生成のモデル，石油技術協会誌71
[112] 原英俊・冨永紘平（2022）：関東山地東縁部の御荷鉾緑色岩類と北部秩父帯柏木ユニットの海洋性岩石およびクリッペ説の検証（巡検案内書），地質学雑誌128
[113] 水野篤行・片田正人（1958）：西八代層群（中新統）について，地球科学38
[114] 宮城直樹・馬場壮太郎・新城竜一（2013）：沖縄島およ

び周辺諸島に分布する先新第三系基盤岩類の全岩化学組成と砕屑性ザクロ石化学組成，地質学雑誌119
[115] 柳沢幸夫（2012）：佐渡島小木半島の中新世玄武岩層の年代 珪藻年代層序による再検討，地質調査総合センター研究資料集569
[116] 山本玄珠・島津光男（1994）：静岡県、高草山地域のアルカリ岩類の地球科学的研究，岩鉱89
[117] 山元孝広・高田亮・吉本充宏・千葉達朗・荒井健一・細根清治（2016）：富士山山麓を巡る:火山地質から防災を考える（巡検案内書），地質学雑誌122
[118] 油谷拓・平野直人（2015）：後期白亜紀に根室層群で活動したアルカリマグマ，日本地質学会学術大会講演要旨
[119] 和田恵治・佐野恭平（2015）：北海道、白滝ジオパークの黒曜石溶岩の内部構造，火山60
[120] Hand, E.（2023）：Hidden hydrogen，Science 379
[121] Maruyama, S., T. Komiya（2011）：The Oldest Pillow Lavas, 3.8-3.7 Ga from the Isua Supracrustal Belt, SW Greenland : Plate Tectonics Had Already Begun by 3.8 Ga，Journal of Geography 120
[122] Massonnet, D., M. Rossi, C. Carmona, F. Adragna, G. Peltzer, K. Feigl and T. Rabaute（1993）：The displacement field of the Landers earthquake mapped by radar interferometry，Nature 364

E 地質図関係

[123] 一色直記（1982）：神津島地域の地質 地域地質研究報告（5万分の1図幅），地質調査所
[124] 海野進・中野俊（2007）：父島列島地域の地質 地域地質研究報告（5万分1地質図幅），地質調査総合センター
[125] 江藤哲人・矢崎清貴・卜部厚志・磯部一洋（1998）：横須賀地域の地質 地域地質研究報告（5万分1地質図幅），地質調査所
[126] 鹿野和彦・大口健志・柳沢幸夫・粟田泰夫・小林紀彦・佐藤雄大・林信太郎・北里洋・小笠原憲四郎・駒澤正夫（2011）：戸賀及び船川地域の地質（第2版）地域地質研究報告（5万分1地質図幅），産総研地質調査総合センター
[127] 曽屋龍典・勝井義雄（2007）：有珠火山地質図（第2版）（2万5千分1火山地質図2），産総研地質調査総合センター
[128] 中江訓・兼子尚知・宮崎一博・大野哲二・駒澤正夫（2010）：与論島及び那覇（20万分1地質図幅），産総研地質調査総合センター
[129] 長尾捨一・秋葉力・大森保（1963）：礼文島（5万分の1地質図幅説明書），北海道開発庁
[130] 中野俊・竹内圭史・加藤碵一・酒井彰・浜崎聡志・広島俊男・駒澤正夫（1998）：長野（20万分の1地質図幅），地質調査所
[131] 古川竜太・中川充弘（2010）：樽前山火山地質図（3万分1火山地質図15），産総研地質調査総合センター
[132] 脇田浩二・原山智・鹿野和彦・三村弘二・坂本亨・広島俊男・駒澤正夫（1992）：岐阜（20万分の1地質図幅），地質調査所
[132] 渡辺一徳・星住英夫（1995）：雲仙火山地質図（2万5千分1火山地質図8），地質調査所

事項索引

地名・火山名索引

著者略歴

小白井 亮一 こじろい・りょういち

1960年、東京都生まれ。
1986年3月、千葉大学大学院理学研究科（地学専攻）修了。
国土地理院にて測量・地図作成や災害対応の業務に携わり、2021年3月退職。
現在は、地層・化石・岩石・鉱物のこと、簡単にいえば“石の世界”について、
興味深く、わかりやすく伝える執筆活動に取り組んでいる。
たとえると“石の世界”の案内人。
これまでの著書に『楽しい地層図鑑』、
『すごい地層の読み解きかた』（ともに草思社）、
『わかりやすい測量の数学 行列と最小二乗法』、
『わかりやすいGPS測量』（ともにオーム社）、
『地形のヒミツが見えてくる 体感！東京凸凹地図』（分担執筆、技術評論社）
などがある。

楽しい溶岩図鑑

2024 年 12 月 19 日　第 1 刷発行

文・写真　小白井 亮一
装幀者　Malpu Design（清水良洋）
発行者　碇　高明
発行所　株式会社 草思社
〒160-0022　東京都新宿区新宿1-10-1
電話　営業 03-4580-7676　編集 03-4580-7680

本文デザイン・DTP・図表作成　Malpu Design（佐野佳子）
印刷所　シナノ印刷株式会社
製本所　加藤製本株式会社

ISBN978-4-7942-2753-9 Printed in Japan　検印省略